Klimaneutral
Verlag
ClimatePartner.com/53585-1805-1001

Bibliografische Information der Deutschen Nationalbibliothek:
Die Deutsche Nationalbibliothek verzeichnet diese Publikation
in der Deutschen Nationalbibliografie; detaillierte bibliografische
Daten sind im Internet über www.dnb.de abrufbar.

Originalausgabe
»The Flooded Earth. Our Future in a World without Ice Caps«
Copyright der Originalausgabe: © Peter D. Ward
This edition is published by arrangement with Basic Books,
an imprint of Perseus Books LLC, a subsidiary of Hachette Book
Group, Inc., New York, New York, USA. All rights reserved.
Deutsche Erstausgabe
© 2021, oekom verlag München
Gesellschaft für ökologische Kommunikation mbH,
Waltherstraße 29, 80337 München

Umschlaggestaltung: Büro Jorge Schmidt
Lektorat: Christoph Hirsch, oekom verlag;
Eva Leipprand
Innenlayout & Satz: Ines Swoboda, oekom verlag
Korrektorat: Silvia Stammen

Druck: Friedrich Pustet
GmbH & Co. KG, Regensburg

Alle Rechte vorbehalten
ISBN 978-3-96238-249-0

RECYCLED
Papier aus
Recyclingmaterial
FSC® C014889

PETER D. WARD

mit Christoph Hirsch

Die große Flut

Was auf uns zukommt, wenn das Eis schmilzt

Aus dem amerikanischen Englisch
von Eva Leipprand

VORWORT

Wie können wir auf das Jahr 2020 anders zurückblicken als mit Kummer und Schmerz? Die Pandemie, Heuschrecken (in Afrika), Feuersbrünste (in Australien und Nordamerika), Überschwemmungen (infolge der Hurrikansaison in der Karibik) und Taifune, die Ostasien und viele pazifische Inselstaaten heimsuchten.

Während ich dies im Herbst 2020 schreibe, summt ein Luftreiniger in meinem kleinen Büro in Seattle, Washington. Er soll meinen alten Hund und mich gesund halten. Den ganzen Monat hindurch haben Waldbrände diesen Teil Nordamerikas in Rauch erstickt. Nach draußen zu gehen, ist in diesem September keine gute Idee, sich körperlich zu betätigen, völlig ausgeschlossen – als ob Covid-19 nicht Grund genug wäre, Masken zu tragen.

In diesen apokalyptischen Zeiten hatten es andere Nachrichten schwer, gehört zu werden; deshalb sind sie aber nicht weniger real. In der dritten Septemberwoche des Jahres 2020 haben die beiden großen Eisschilde der Antarktis und Grönlands, die die zukünftige Höhe des Meeresspiegels bestimmen werden, abermals stark an Masse verloren. In beiden Regionen sind große Gletscherzungen zerfallen, die aus dem Wertvollsten bestehen, was diese Erde zu bieten hat, nämlich Süßwasser. Doch das Festlandeis, das diesen Trinkwasserschatz enthält, wird uns Stück für Stück gestohlen, und der »Dieb« ist der Klimawandel. Seine Raubzüge lassen die Meere immer weiter ansteigen, und das ist das Gefährlichste, was der menschlichen Zivilisation zustoßen kann. *Die Große Flut*, die diesem Buch den Titel gibt, wird uns vieles nehmen: Nahrung, Arbeitsplätze, Straßen, Wohnraum und einen Großteil der Artenvielfalt unseres Planeten.

Dieses Buch hat eine längere Geschichte. Der erste Schreibimpuls dazu erwachte in mir bereits vor einigen Jahren, als ich ein Sabbatjahr in Perth, Australien, verbrachte. Angesichts in kurzen Zeitabständen veröffentlichter Berichte des Weltklimarats (IPPC; Status- und Sonderberichte), angesichts medial viel beachteter Ereignisse wie dem Abbrechen antarktischer Eisschelfe oder dem Eisfreiwerden der Nordwestpassage, erwachte in mir der Drang, niederzuschreiben, was dies bei jemandem auslöst, der von Berufs wegen gerne in die Vergangenheit blickt. Als Geologe kann man nicht umhin, sich angesichts der Zeichen der Zeit und der Prognosen des IPCC an Ereignisse aus der Erdgeschichte »erinnert« zu fühlen: Steigende Kohlendioxidwerte und Temperaturen, kollabierende Eisschilde und steigende Meere sind nichts Neues, aber die Geschwindigkeit, mit dem dies passiert, ist einzigartig.

Das Jahr 2020 war nun wiederum ein besonderes Jahr: die Corona-Pandemie zeigte (und zeigt uns immer noch) eindrücklich, dass wir der Natur wieder mehr Raum geben müssen, die buchstäbliche »Feuerhölle« vor meiner Haustüre könnte ein weiteres Zeichen der Zeit sein, ein Vorgeschmack darauf, was vielleicht schon bald als das »neue Normal« bezeichnet werden muss.

Das Buchvorhaben unter Hinzuziehung neuer Fakten und wissenschaftlicher Erkenntnisse, erneut und neu anzugehen, war mir daher ein wichtiges Anliegen. Geholfen hat mir dabei Christoph Hirsch, der den Text nicht nur aktualisiert, sondern um europäische und internationale Aspekte erweitert hat. Ihm sei an dieser Stelle ebenso gedankt, wie der Übersetzerin Eva Leipprand, die dafür gesorgt hat, dass die geschilderten Inhalte und Fakten stets gut verständlich bleiben.

Lassen Sie uns in diesem Sinne die Zeichen der Zeit erkennen und alles erdenklich Mögliche unternehmen, die Klimakrise zu stoppen.

Peter D. Ward

Die Häfen von Hamburg und Miami um 2100

Hamburg, 2095, CO_2 bei 780 ppm

Die Stadt sann über ihr Schicksal nach. Sie lag da wie ein riesiges Schlachtschiff, das sich, schwer getroffen, trotz des einströmenden Meeres immer noch über Wasser hält. Was es vor dem Versinken bewahrt, sind Pumpen, der Heldenmut der Menschen und eine Kraftanstrengung bis über den Rand der Erschöpfung hinaus. Ein Schiff, das im Sterben liegt, nicht nur, weil es zu sinken droht, sondern wegen all der Schäden, die das eindringende Wasser angerichtet hat. Der Treibstoff ist inzwischen limitiert und Strom steht nur noch zeitweise zur Verfügung. Die Nahrungsversorgung, der Verkehr und vor allem die Kommunikation brechen zusammen. Neue, verbindende Strukturen müssen dort geschaffen werden, wo nicht schon alles unwiederbringlich verloren ist.

Die Stadt Hamburg war geteilt. Sie bestand jetzt aus zwei Städten, getrennt durch steigendes Wasser, das aus zwei Richtungen kam. Die Elbe, die gewaltige Elbe, stieg regelmäßig über die Ufer, seit in den höher gelegenen Gebieten Europas kein Schnee mehr fiel, nicht einmal mehr auf den höchsten Erhebungen der Alpen. Früher hatte der Schnee das Wasser bis zum Frühling zurückgehalten. Jetzt schneite es nur noch während der extremen Stürme, die man gegen Ende des 20. Jahrhunderts, ihrer Seltenheit wegen, noch »Jahrhundertstürme« nannte. Funktional war die Elbe jetzt ein Arm der Nordsee geworden.

Im dritten und vierten Jahrzehnt des 21. Jahrhunderts hatte man Deiche und Hafendämme für zwei Milliarden Euro gebaut und später noch um einige Meter erhöht – ein ungeheurer Kostenaufwand für den deutschen Finanzhaushalt. Sie waren aber nie bis zu dem Niveau fertiggestellt worden, wie man es in den ersten Jahrzehnten des 21. Jahrhunderts geplant hatte, damals, als man es noch nicht besser wusste. Im Jahr 2050 wurden die Dämme bereits regelmäßig von Sturmfluten überrollt, die an Gewalt zunahmen, weil der Meeresspiegel seit den 1990er Jahren um einen halben Meter gestiegen war, und jetzt, als das 22. Jahrhundert gerade heraufdämmerte, hatte er sich gegenüber 2050 noch einmal um fast einen Meter erhöht.

Schon vor langer Zeit war die E45 überschwemmt worden; die Köhlbrandbrücke, der Roßdamm und der Veddeler Damm bis nach Veddel hinein waren längst überflutet, von Cyanobakterien überwuchert und von Schutt bedeckt. Im Wasser tummelten sich die wenigen zählebigen Fischarten, die damit zurechtkamen, dass der Salzgehalt extrem variierte, je nachdem, ob das Wasser als Sturmflut vom Meer kam oder von der mächtig angeschwollenen Elbe. Darunter mischten sich Industriegifte, ausgewaschen aus dem Boden und den alten Abfallhalden am Flussufer, die man lange für sicher gehalten hatte. Meer und Fluss verhielten sich jetzt wie eifrige Archäologen: Sie spürten den Werken der Menschen auch noch weiter landeinwärts nach. Indem sich salziges Wasser immer weiter voranarbeitete, zerstörte es entlang der einst wunderschönen Spazierwege immer mehr Bäume und Sträucher. Außer den widerstandsfähigen Weiden säumten jetzt nur noch wenige Bäume die kurzlebige, sich ständig verändernde »Küste« des Wasserarms, der Hamburg in zwei Teile geteilt hatte und sich stetig verbreiterte.

Die Häuser der Reichen, die früher über einen großartigen Blick auf den Fluss geboten hatten und auch auf die zahlreichen Werften und Ladedocks in einem Hafen, der damals als einer der größten der Welt galt, beherbergten nun die ärmsten Bewohner Deutschlands: Tausende Klimaflüchtlinge, die durch den Meeresanstieg selbst obdachlos geworden waren oder weil sie ihre Jobs oder, noch schlimmer, ihre Ernährungsgrundlage verloren hatten. Teils kamen sie von den an den europäischen Küsten und Flüssen gelegenen ehemals reichen Bauernhöfen und landwirtschaftlichen Betrieben; teils waren es Flüchtlinge aus entfernteren Gegenden des globalen Südens, die ebenfalls von der Flut betroffen waren. Sie hatten am meisten gelitten und waren zugleich am wenigsten in der Lage, die teuren Deiche und Mauern zu bauen, auf deren Schutz sich die reicheren Länder so leichtfertig verlassen hatten.

Wenn es überhaupt irgendeinen Trost gab, dann den, dass – anders als die Ozeane – die menschliche Bevölkerung mittlerweile nicht mehr anstieg. Und so gab es weniger von den verletzlichsten menschlichen Wesen, die es zu ernähren galt: den Kindern.

Hamburg kennt sich eigentlich mit Flutkatastrophen aus, dank zweier traumatischer Flutereignisse innerhalb der letzten 60 Jahre. Das erste fand im Jahr 1962 statt, als eine Sturmflut elbaufwärts drückte und bis zu einem Fünftel der Kernstadt unter Wasser setzte. Das zweite ereignete sich 2017, vor wenigen Jahren, als der durch die globale Erwärmung hervorgerufene Sturm Sabine mit Wucht auf die Nordküste Deutschlands traf. Die Elbe stieg um fast drei Meter an, und kulturell bedeutende Teile der Stadt wurden schwer in Mitleidenschaft gezogen – nicht zuletzt der berühmte Hamburger Fischmarkt. Hunderte Kilo fangfrischer wie tiefgekühlter Fisch wurden aus Regalen und Kisten gespült, um dann, als die Flut sich endlich zurückzog, ironischerweise wieder zurück in Richtung Meer zu schwimmen. Das hätte den Hamburger Fischliebhabern eine Warnung sein können. Aber sie reagierten doch wieder nur mit menschlicher Hybris, indem sie ihre Mauern einfach um zehn Meter höher bauten.

Natürlich waren die neuen Mauern nicht die einzige Anstrengung, die diese berühmte Stadt unternahm im Kampf gegen die steigende See, den brausenden Fluss und gegen den Druck, der sich von beiden Seiten her aufbaute. Es wurden ambitionierte neue Stadtquartiere gebaut, am eindrucksvollsten die Hafencity, wo ein auf einer Insel angelegtes altes Industriequartier für die Ansprüche der Moderne aufpoliert wurde, freilich unter Anwendung modernster Techniken und Verfahren, um eine erneute Zerstörung durch eine Flut in der Zukunft zu verhindern. Neue Hotels, Apartments, Wohnungen und Geschäftshäuser wurden so gebaut, dass sie in der Lage waren, einer Flutkatastrophe zu widerstehen. Zukunftstaugliche Vorleistungen, etwa eine schadstoffarme Energieversorgung, die modernsten Transportsysteme, ja sogar »Fluchtwege« hin zu höher gelegenen Gebäudebereichen und oberirdische Schutzvorrichtungen wurden geplant und in die ehrgeizige Verbesserung der Deiche im Wert von etwa einer halben Milliarde Euro integriert. All das bewies großen Erfindungsgeist und Voraussicht. Nur dass all das Geld, alle diese Aufwendungen am Ende in den Wind geschrieben waren.

Wie alle reichen Städte ist auch Hamburg abhängig vom Funktionieren seiner unterirdischen Infrastruktur. Die Flut wird keine Probleme haben, das aufzuspüren, was im Verlauf von Jahrzehnten geschaffen wurde, von der unterirdischen Stromversorgung über die Kanalisation bis hin zu den U-Bahnen. Leitungen, Gebäude und Mauern werden einem globalen Sterben zum Opfer fallen: dem Tod der großen Eisschilde, welche die Antarktis und Grönland seit Millionen von Jahren bedeckt halten.

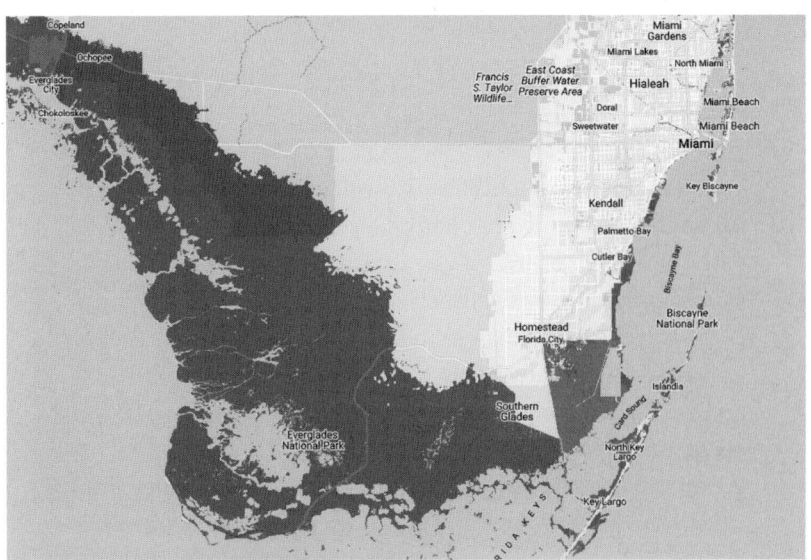

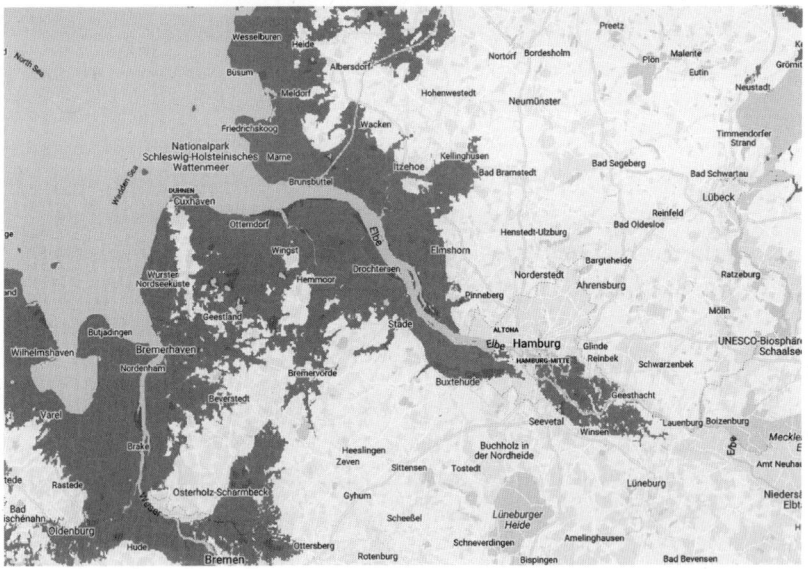

1 Miami (oben) und Hamburg (unten) im Jahr 2050: Aufgrund des Anstiegs des Meeresspiegels werden die dunkelgrauen Flächen mutmaßlich unter Wasser stehen.

Ein überfluteter Planet

Wird das uralte Eis komplett verschwinden? Nein, das sicher nicht. Im Lauf der kommenden Jahrhunderte wird nur ein Bruchteil davon abschmelzen. Aber dieser Bruchteil wird ausreichen, um die Geschichte der Menschheit noch viel folgenreicher zu verändern als es die aktuelle Pandemie vermochte. Die Pandemie hatte Einfluss auf die Geschichte der Menschheit; die schmelzenden Eisschilde aber werden die globale biotische Geschichte verändern, wie auch die geologische Geschichte. Verändern wird sich auch die Art und Weise, wie man die Zeit anhand der fossilen Überlieferung misst. Denn was sich hier vollzieht, ist die Rückkehr zu einer Weltgeografie, die dem frühen, präglazialen Känozoikum verwandt ist, und das wird eine gewaltige Abfolge von Veränderungen mit sich bringen (selbst wenn es uns gelänge, das Schlimmste zu verhindern, wäre das Ergebnis immer noch eine neue Weltkarte mit einem größeren globalen Ozean). Das Einzige, was diese Entwicklung bremsen könnte, wäre die Reduzierung der globalen Emissionen von Treibhausgasen. Aber es gibt nur wenige Länder, in denen Menschen leben, die das Unheil nicht nur kommen sehen, sondern auch etwas dagegen unternehmen wollen. Die meisten werden faktisch von großen Konzernen regiert (wie die Vereinigten Staaten) oder von Despoten, manche auch von Armut.

Auf jeden Fall muss jetzt etwas geschehen. Wie man den Anstieg des Meeresspiegels und die zunehmenden Sturmfluten sowie den Treiber beider Phänomene, die steigende globale Temperatur (ihrerseits abhängig vom steigenden CO_2-Pegel), in den Griff bekommen

---

2 Geologische Zeitskala des Phanerozoikums, des jüngsten Äons der Erdgeschichte. Es umfasst den Zeitraum von 541 Millionen Jahren vor heute bis zur Gegenwart.

Ära	Zeit		Beginn vor Mio. Jahren	wichtige Ereignisse (Auswahl; Zahlen in Klammern: Jahre in Mio.)
Känozoikum (Erdneuzeit)	Quartär	Holozän	0,012	Hohe Stabilität des Klimas; starker Rückzug der Gletscher mit Ende der sog. Kleinen Eiszeit
		Pleisto-zän	2,58	Alternieren von Kalt- und Warmzeiten (sog. Milanković-Zyklen); starke Schwankungen des Meeresspiegels, wiederholte Ausbreitung kont. Eisschilde; erstes Auftreten der Gattung Homo (2,5), Homo sapiens (0,2)
	Tertiär	Neogen	23	Gliederung: Miozän (23 bis 5,3), Pliozän Alpen werden zum Hochgebirge (ca. 20 bis 5); Ausbreitung von Graslandschaften durch Klimaänderung
		Paläo-gen	66	Gliederung: Paläozän, Eozän (56 bis 33,9), Oligozän Känozoisches Eiszeitalter, Antarktis vereist (34); Paläozän/Eozän-Temperaturmaximum (PETM, 56); Aufstieg der Säugetiere; Kollision Indiens mit Asien (Himalaya)
Mesozoikum (Erdmittelalter)	Kreide		145	K-Pg-Ereignis (Kreide-Paläogen, ehemals K-T): Einschlag des Chicxulub-Meteoriten, Aussterben der Dinosaurier; Antarktis erreicht Südpol (ca. 80); Treibhausklima, wiederholte ozeanische anoxische Ereignisse (OAE)
	Jura		201	Meeresspiegel im Oberjura ca. 150 Meter höher als heute; CO_2 8- bis 12-fach höher; Entstehung von Schwarzschiefern (OAE) im frühen Jura (Lias = Schwarzjura)
	Trias		252	Massenaussterben an der Trias-Jura-Grenze (201); Besonderheit der sog. Germanischen Trias (Buntsandstein, Muschelkalk, Keuper); Meeresspiegel auf generell niedrigem Niveau; Klima: kontinental, arid
Paläozoikum (Erdaltertum)	Perm		299	Größtes Massenaussterben der Erdgeschichte beendet Paläozoikum (252; Flutbasalte Sibiriens); aride Phase, Entstehung großer Salzlagerstätten (Zechstein 259-252)
	Karbon		359	Sauerstoffmaximum (30 %, enorme Pflanzenproduktion, Riesenlibellen); CO_2-Minimum durch Kohlebildung; Permokarbones Eiszeitalter (Karoo-Eiszeit, 360 bis 260); Variszische Gebirgsbildung führt zur Entstehung des Superkontinents Pangäa (325)
	Devon		419	Massenaussterben (372 bis 359; Abkühlung/OAE); erste Samenpflanzen und Landwirbeltiere
	Silur		444	Treibhausklima (CO_2 ca. 12 bis 15-mal höher als heute); Eroberung des Festlands durch einfache Sporenpflanzen und Arthropoden (Gliederfüßer)
	Ordovizium		485	Ordovizisches Eiszeitalter (460 bis 430, »Sahara-Eiszeit«) beendet paläozischen Meeresspiegelhöchststand (> 200 m); Massenaussterben (erstes der sog. Big Five)
	Kambrium		541	Kambrische Artenexplosion (plötzliches Auftreten nahezu aller heutigen Tierstämme)

kann, ist hinlänglich bekannt. Die Lage ist vergleichbar mit der Pest. Damals ist es der Wissenschaft gelungen, die verursachenden Mikroben erst zu identifizieren, dann zu bekämpfen und schließlich zu vernichten; so wie das im 20. Jahrhundert bei so vielen globalen Seuchen gelang. Und jetzt, in diesem neuen Jahrhundert, in dem wir über weit bessere wissenschaftliche Instrumente verfügen als sie den Bezwingern von Polio, Pocken, Beulenpest, Trichinose, Skorbut oder Gelbfieber zur Verfügung standen – Bedrohungen, die im Zusammenspiel von Wissenschaft, Technik und Bildung besiegt werden konnten –, jetzt müssten wir der Herausforderung Klimawandel mit aller Macht entgegentreten. Aber stattdessen lässt man dem Klimawandel selbst und seiner ultimativen und vielleicht gefährlichsten Folgewirkung, dem Anstieg des Meeresspiegels, freien Lauf, sie geraten mehr und mehr außer Kontrolle. Aktuell bringt Corona die reichsten und mächtigsten Länder in Bedrängnis. Doch die Pandemie ist nichts im Vergleich zu dem, was der Klimawandel mit sich bringen wird.

Dieses Buch handelt vom künftigen Anstieg der Meere. Worauf er zurückzuführen ist, wissen wir. Es gibt nur zwei offene Fragen: Wie hoch werden die Ozeane steigen und wie schnell? Aber ganz gleich, ob wir den ersten vollen Meter im Jahr 2100 oder auch erst im Jahr 2200 (und nicht schon 2075 oder früher) erreichen, die Auswirkungen bleiben die gleichen. Sie sind bekannt und vorhersehbar, weil das Wasser auf unserem Planeten schon früher angestiegen ist, auch innerhalb der Lebenszeit unserer Spezies. Es sieht allerdings so aus, als ob in unserer Epoche das Ausmaß und die Geschwindigkeit des Anstiegs alles übertreffen wird, was die Menschheit, zumindest seit der Erfindung des Ackerbaus, je erlebt hat. Als Paläontologe, der sich von Berufs wegen mit den Auswirkungen steigender und fallender Meeresspiegel beschäftigt, wie sie sich in uralten, lange vor dem Auftreten der Menschen liegenden Zeiten manifestieren, weiß ich, dass wir hier nicht einfach nur spekulieren, indem wir in undurchsichtige Kristallkugeln schauen. Wir können aus der Vergangenheit ableiten, was in einer Zukunft, die wir selbst geschaffen haben, passieren kann. Die geologischen Belege halten für unsere Untersuchung eine reiche Historie bereit. Dieses Buch gründet auf der Tatsache, dass weite Teile der Erde auch früher schon und immer wieder überflutet wurden.

Einen Großteil dessen, was wir über den aktuellen Anstieg des Meeresspiegels wissen, verdanken wir Erkenntnissen, die wir über Anstieg und Rückgang des Meeres in sehr alter Zeit gewonnen haben. Jüngere Studien haben uns viel darüber erzählt, wie die Erde und das auf ihr entstandene Leben auf Veränderungen des Meeresspiegels und der Festlandsgeografie reagiert haben. Diese Veränderungen waren manchmal ein Segen für das Leben, aber bisweilen bewirkten sie auch genau das Gegenteil, im Extremfall Massenaussterben. Die Geschichte öffnet uns also eine Türe zu den Erkundungen, die wir in diesem Buch durchführen wollen.

Zu der Frage, wie wichtig und in welchen Fällen es sinnvoll ist, die Geschichte für die Betrachtung aktuellen und zukünftigen Handelns heranzuziehen, gibt es unterschiedliche Positionen, die oft im Widerspruch zueinander stehen. So heißt es zum Beispiel, dass diejenigen, die die Vergangenheit ignorieren, dazu verdammt sind, sie noch einmal zu durchleben. Man sagt aber auch, die Vergangenheit sei ein unbekanntes Land und als solches ein Ort, der für die Gegenwart keinerlei Bedeutung hat. Seit mehr als zwei Jahrhunderten gilt es allerdings als ein Grundprinzip der Geologie, das besagt, dass die Veränderungen, die in der Vergangenheit stattfanden, auf Prozesse zurückzuführen sind, die sich auch heute noch vollziehen. Dies nennt man das Prinzip des Uniformitarianismus (oder Aktualismus), erstmals von Charles Lyell festgeschrieben und dann von seinem Kollegen James Hutton, dem großen Gelehrten aus dem frühen 19. Jahrhundert, öffentlich vertreten. Das Prinzip besagt, dass wenn wir geologische Ereignisse der Vergangenheit nur anhand heute wirksamer physikalischer Prozesse verstehen können, dies auch in der Umkehrung gelten muss. Geht es also um Prozesse, die sich auf zu langsamen Zeitskalen vollziehen, als dass sie innerhalb der Lebensspanne eines Menschen beobachtet werden könnten, sind Informationen darüber nur aus der Vergangenheit zu gewinnen.

Die geologische Geschichte, so wie sie in Gesteinen unterschiedlicher Arten und Zeiten eingeschrieben ist, lehrt uns, dass sich der Meeresspiegel nur auf zweierlei Weise ändern kann. Zum einen infolge eines Anschwellens oder Schrumpfens der riesigen untermeerischen Bergketten, die sich in den tiefen Ozeanbecken befinden. Der Mittelatlantische Rücken ist so eine lange Reihe untermeerischer Vulkane, aus denen sich täglich heißes Magma auf den Meeresgrund ergießt. Dieses wird dann entweder nach Osten oder nach Westen transportiert, sodass sich Amerika und Europa stetig weiter voneinander entfernen. Aus unbekannten Gründen fluktuiert die Hitze, die diese Tausende Meilen lange Vulkankette begleitet, im Lauf der Millennien. Nimmt sie zu, schwillt die Kette an und verringert damit das Volumen des Beckens, das die Weltmeere enthält. Die Wassermenge bleibt die gleiche – nur das weltumspannende Gefäß, das diese Ozeane fasst, verändert seine Größe. Es ist wie mit einer Badewanne: legt man einen großen Ziegelstein hinein, steigt der Wasserspiegel. Umgekehrt, wenn die Hitze abnimmt, reduziert sich das Volumen der mittelozeanischen Rücken, und der Wasserspiegel sinkt weltweit. Die Veränderungsrate des Meeresspiegels, die sich aus diesem Prozess ergibt, ist extrem klein, weshalb Veränderungen von wenigen Metern Millionen von Jahren brauchen. Das ist sehr langsam, aber im Lauf der Zeit von Bedeutung.

Der zweite Mechanismus, der den Meeresspiegel ändert, vollzieht sich schneller. Er ergibt sich aus dem Anwachsen oder dem Abschmelzen kontinentaler Eisschilde. Wenn der Schnee, der in kalten Gegenden fällt, im Sommer nicht wieder abschmilzt, bilden sich Gletscher und in Extremfällen große Eisschilde. All das Wasser kommt letztendlich aus dem Meer, und so führt das Anwachsen des globalen Eisvolumens zum Absinken der Ozeane. Der Prozess funktioniert auch andersherum: schmelzendes Eis bewirkt ein Ansteigen des Meeresspiegels.

Lange vor der modernen Zeit, als die Menschen allmählich anfingen, eine eigene Rolle im Prozess des Klimawandels zu spielen, stiegen und sanken die Ozeane aufgrund ihrer eigenen, ausschließlich naturgegebenen Tendenzen. Beispiele für diese Vorgänge und Prozesse können wir an vielen Stellen auf unserem Planeten finden. Sehen wir uns zwei Beispiele genauer an: das eine liegt in North Dakota, einem Ort, der heute so weit vom Meer entfernt ist wie kaum ein anderer in Nordamerika. Ein Blick auf seine geologische Geschichte zeigt jedoch, dass dieser Teil des Planeten früher einmal alles andere als ein Binnenland war. Das zweite Beispiel, mit dem wir auch beginnen wollen, liegt in Süddeutschland, einen halben Globus weit von den North Dakota Badlands entfernt.

Der Posidonienschiefer

Von all den Arten prähistorischen Lebens, die den Kindern so gefallen, sind es die »Seeungeheuer« aus dem Zeitalter des Jura, die am meisten Bewunderung hervorrufen. Sie sind an vielen Orten in ganz Europa wunderbar erhalten geblieben, am spektakulärsten vielleicht in den Schwarzschiefern Südwestdeutschlands, der Nordschweiz und der Tschechischen Republik. Zugegeben, es sind keine Dinosaurier, aber doch immerhin riesige Ichthyosaurier oder Fischechsen. Die berühmtesten stammen aus den Steinbrüchen nahe der süddeutschen Gemeinde Holzmaden und gelten als die schönsten Exemplare ihrer Art. Sie sehen aus wie riesige Fische mit Schnäbeln oder wie Delphine mit großen Augen; die größten sind länger als zwanzig Meter (oder länger als der größte Orca) und können durchaus mit Pottwalen konkurrieren. Die meisten sind kleiner, etwa wie große Delphine, aber immer noch beeindruckende Tiere.

Dieser Steinbruch liefert prachtvolles Gestein für eine Vielfalt unterschiedlicher Anwendungsmöglichkeiten und verarbeitende Gewerbe, und es ist immer ein geschulter Wissenschaftler vor Ort, um die Fossilien zu bewerten, die bei den Arbeitsabläufen im Steinbruch zutage treten. Schiefer ist reich an organischem Material; er kann abgebaut und zur Ölgewinnung verarbeitet werden. Aber hier gilt die ganze Bewunderung den Fossilien. Es ist so unglaublich reichhaltig, was aus den dünnplattigen Schichten auftaucht; besonders bemerkenswert sind die schneckenartig aufgerollten Ammoniten, speisetellergroße Kopffüßer. Mit Sicherheit waren sie Beutetiere der Ichthyosaurier und der anderen großen Reptilien, die sich in dem weiten Binnenmeer herumtrieben, das diesen Teil Europas über lange Perioden des Mesozoikums, des Erdmittelalters, bedeckte, vor allem aber im Zeitalter des Jura.

Das Vorkommen dieses mächtigen Pakets dunkler Schiefer und Kalke ist ein starker Beweis dafür, dass der Meeresspiegel früher einmal höher war als heute. Sogar viel höher. Diese Schiefer können uns allerdings auch eine grausame Lektion erteilen, falls wir bereit sind, in ihnen zu lesen. Im Zeitabschnitt des Jura, der Toarcium genannt wird, wurden die Meere von einem »anoxischen Ereignis« heimgesucht. Die Ozeane litten (eventuell wegen des Ausfalls der thermohalinen Zirkulation) in tieferen Abschnitten an periodisch auftretendem Sauerstoffmangel – und unter der Bildung von toxischem Schwefelwasserstoff. In den heutigen Ozeanen werden sterbende oder tote Tiere sehr schnell in Stücke zerrissen, weshalb sie den Meeresboden oft gar nicht erreichen. Fleisch ist in marinen Ökosystemen ein unschätzbares Gut, weshalb sich eine Vielfalt an Tieren entwickelt hat, die die verendeten Tiere ausweiden. Dass die in Holzmaden gefundenen Fossilien so ausgezeichnet erhalten sind, ist ein Hinweis darauf, dass die toten Tiere, nachdem sie langsam vielleicht hundert Meter tief auf den schlammigen Boden des Jurameeres gesunken waren, völlig unbehelligt blieben. Über Jahrtausende wurden die Kadaver mit Sandkörnern und Schlamm

3 Zur Zeit des Jura waren weite Teile Mitteleuropas vom Meer überflutet. Im Unterjura (vor ca. 200 bis 175 Mio. Jahren) machte der »Fischsaurier« Temnodontosaurus die oberen Bereiche der Meere unsicher, weite Teile des tieferen Ozeans waren sauerstoffarme »Todeszonen«.

bedeckt, Material, das aus den Landgebieten rund um den großen »European Interior Seaway« erodierte. Sie wurden mumifiziert, da auf dem Meeresgrund nicht einmal normale zersetzende Bakterien vorhanden waren; denn ein Großteil dieses Meeres war frei von Sauerstoff – so wie heute das Schwarze Meer, nur viel ausgedehnter. An der Oberfläche gab es eine geringmächtige Schicht sauerstoffreichen Wassers, die sich ein ganzes Stück nach unten ausdehnte, und genau in dieser Oberflächenzone lebten die Ammoniten, die Ichthyosaurier und die vielen Fischarten. Darunter herrschte Sauerstoffmangel. Ein geschichteter Ozean. Ein Ozean, der von einer Welt geschaffen war, deren Atmosphäre weniger Sauerstoff enthielt als die unsrige, aber mit mindestens 2.000 ppm erheblich mehr Kohlendioxid. Außerdem wies er Temperaturen auf, die im globalen Mittel um drei bis fünf Grad Celsius höher lagen als heute. Eine Erde ohne Eiskappen, mit wenig Wind und schwachen oder sehr schwachen Meeresströmungen. Es war eine erstickte Welt, ein Ort, an dem es wahrscheinlich weniger Leben gab als heute. Der Meeresspiegel lag um mehr als 150 Meter höher. Ist das das Schicksal, das Europa und die Welt bald wieder erwartet, wenn wir mit der Treibhausgasproduktion so weitermachen wie bisher?

Miami, Florida, 2120 n. Chr., CO_2 bei 800 ppm

Anders als Hamburg, das nach wie vor mit Kompetenz und deutscher Effizienz verwaltet wurde, war Miami zu einer chaotischen Stadt geworden. Die Entwicklung verlief rasant und nahm schon bald nach der ersten der Pandemien des frühen 21. Jahrhunderts, der Covid-Katastrophe, an Fahrt auf. Grund war zunächst die Krankheit selbst, dann kamen aber auch die anhaltenden inneren Unruhen dazu, beziehungsweise die »Rassenunruhen«, wie sie die rechtsgerichtete Regierung Floridas bezeichnete. Die Stadt war jetzt auch geografisch eine Insel, so wie sie das die längste Zeit ihrer Geschichte im sozioökonomischen Sinne gewesen war. Die Reichen lebten an der Küste und die darbende Unterschicht, im wesentlichen Menschen afroamerikanischer und hispanischer Herkunft, im brütend heißen Landesinneren. Alle die einst so glänzenden Villen und Südküstenhotels waren inzwischen aufgegeben worden, waren zu Betonruinen geworden, zurückgelassen von Wirbelstürmen, die jährlich die Küstenlinie heimsuchten, so häufig, dass man ihnen nicht einmal mehr Namen gab. Die ehemalige Küste wurde von neuen Korallenriffen besiedelt, die Meeresflora und -fauna folgte dem Meer ins Landesinnere. Die Reichen, die nicht aus diesem Staat, der an der tiefsten Stelle von ganz Amerika liegt, geflohen waren, schlugen sich jetzt um die ehemaligen Armenviertel innerhalb des neuen Küstengürtels. Sie wurden zur Domäne derer, die sich das etwas höher gelegene Land leisten konnten. Was die Florida Keys betrifft, so überließ man sie weitgehend dem Drogenhandel – und den Armen und Bedürftigen.

Während Richtung Norden noch eine Verbindung zu der riesigen Halbinsel bestand, die einst Florida gewesen war, hatte die Überschwemmung alle Straßen- und Schienenverbindungen unterbrochen, der Flughafen hatte sich in einen riesigen See verwandelt. Und dies alles, weil der Wasserspiegel der Weltmeere um »nur« zwei Meter angestiegen war. Der Grund für diese enorme geografische Veränderung – die jeden Schulatlas obsolet machte – war leicht zu erkennen: Grönland hatte einen Teil seiner Eisdecke verloren.

Mittlerweile war das Wasser so hoch gestiegen, dass Hilfsmaßnahmen enorme Summen erforderten. Die bedrängte Regierung der Vereinigten Staaten konnte nicht mehr die notwendigen Mittel aufbringen, um die versunkene Metropole gegen die Drogenbosse und ihre Leute zu verteidigen, die nach jahrzehntelangem wirtschaftlichen Chaos, sozialer Vertreibung und politischem Zusammenbruch an die Macht gekommen waren. Amerika befand sich in einer Triage-Situation. Die Führer der Nation hatten zu entscheiden, für welche amerikanischen Küstenstädte sie kämpfen wollten und welche man den steigenden Wassermassen zu überlassen hatte. Miami schaffte es nicht auf die Liste.

Die Natur hielt die versinkende Stadt gleichsam im Belagerungszustand. Die Bundesregierung konnte es sich schlichtweg nicht leisten, sie zu retten. Ein zu hoher Anteil des Bruttoinlandprodukts der USA hätte aufgebracht werden müssen, um Deichanlagen für diejenigen städtischen Gebiete an den Küsten im Osten und Westen zu errichten, die noch nicht so stark von den gnadenlos übergriffigen Wassermassen betroffen waren. Miami teilte sein Schicksal mit den Städten New Orleans oder Galveston, die man dem Meer überließ und damit auch den Banden, die im nachfolgenden Chaos überall auftauchten. Miami stand unter keiner Flagge mehr, es war (wie Miami Beach beziehungsweise das schmale Band, das davon noch übrig war) ein merkwürdiges neues Gebilde geworden, eine Variante der alten griechischen Stadtstaaten – aber mit seinen ganz eigenen Problemen.

Alljährlich aufgepeitscht durch verheerende Wirbelstürme und die sich hoch auftürmenden Sturmfluten, hatte das Meer Miami in den vergangenen hundert Jahren gravierend verändert. Die Geografie der Stadt war nun eine ganz andere als noch in der Mitte des 21. Jahrhunderts. Nach Osten hin war Miami Beach in der Ausdehnung stark reduziert: Collins Avenue südlich Washington Avenue befand sich noch auf festem Boden, aber das Gelände war vollkommen geräumt. Bei Wirbelstürmen fegten die Sturmfluten nun regelmäßig über die gesamte schmale Insel. Die fünf wichtigsten Brücken der Kernstadt waren allesamt zerstört, Key Biscayne war über den Rickenbacker Causeway nicht mehr erreichbar und ebenso isoliert.

Auf der anderen Seite des einstigen Stadtzentrums war West Miami der letzte trockene Bereich vor den gigantischen Salzsümpfen, welche die Stadt von Westen her bedrängten. Miami war de facto eine Insel geworden. Miami International war längst verschwunden (wenn auch die Startbahnen aus der Luft noch zu erkennen waren, direkt unter dem klaren Wasser des Sees), überflutet von Lake Joanne und Blue Lagoon, die sich, parallel zum alten Dolphin Expressway, ausgedehnt hatten. Lehigh Lake vergrößerte sich in Richtung Nordosten, um sich mit den Seen im Amelia-Earhart-Park zu vereinen und ein großes Brackwasser zu bilden, zu salzhaltig für an Süßwasser angepasstes Leben, nicht salzig genug für Salzwasserorganismen. Die Weston Hills waren der einzige trockene Teil im Nordwesten der Stadt.

Miamis vordringliches Problem war Frischwasser. Der steigende Meeresspiegel hatte zur Folge, dass die Stadt im Jahr 2100 über nichts mehr verfügte, was als eine städtische Frischwasserversorgung und Abwasserentsorgung gelten konnte. Den Menschen blieb nichts anderes übrig, als auf andere Methoden zurückzugreifen. Swimming Pools wurden zu privaten Frischwasserbehältern, wobei die Häuser

www.oekom.de

Die guten Seiten der Zukunft

336 Seiten
Klappenbroschur
22 Euro [D]
22,70 Euro [A]
ISBN 978-3-96238-249-0

April 2021

Auch als E-Book erhältlich

»Peter Ward bringt den Stand der Dinge eindrucksvoll auf den Punkt.«

New Scientist

Das Polareis schmilzt, die Meeresspiegel steigen. Immer mehr Küsten- und Inselregionen sind von Überflutungen und schweren Stürmen bedroht. Doch das Meer birgt noch weitere Gefahren: Salzwasser dringt ins Grundwasser ein, städtische Infrastruktur korrodiert. Der Geologe Peter D. Ward blickt auf die Meere der Vergangenheit, erzählt, wie sie das Leben auf der Erde verändert haben, und zeichnet ein alarmierendes Szenario, das eintreten kann, wenn wir die Erderwärmung nicht aufhalten.

jeweils auf eine Kombination aus Solarenergie und Regenwasser-kollektoren setzten, um im Pool Regenwasser zu speichern und dieses dann in die Häuser zu pumpen. Kläranlagen funktionierten im wassergesättigten Boden nur noch selten; entsprechend verfügte jedes Haus über ein Plumpsklo im Freien. An warmen Nachmittagen war die Luft verpestet vom Gestank tausender Tonnen unbehandelter menschlicher Ausscheidungen. Während die Anstrengungen, das Land gegen die steigende See des späten 21. Jahrhunderts zu verteidigen, durchaus heroische Züge trugen, führten extrem hohe Kosten, die zur Aufrechterhaltung eines halbwegs funktionierenden Wasserversorgungssystems nötig waren, in den Bankrott. Die Stadt konnte den Kampf gegen das Salzwasser, das in die Grundwasser-speicher hineindrückte, nicht gewinnen.

Eine vergleichsweise unbedeutende wirtschaftliche Entscheidung zerstörte das gesamte ökonomische Gleichgewicht der Region: die Streichung der Hausversicherung in Süd-Florida im Jahr 2073, im Gefolge der extrem hohen Sterbefallzahlen und der Schäden in Milliardenhöhe durch Hurrikan George. Hausbesitzer, die über liquides Kapital verfügten (Gold war mittlerweile die bevorzugte Währung zu 4.500 Dollar die Unze), kehrten dem Staat den Rücken (und sorgten anderswo für einen Aufschwung). Diejenigen aber (und das waren die meisten), die ihr gesamtes Kapital in ihre nun wertlos gewordenen Häuser investiert hatten, blieben und beteten oder versuchten anderswo Arbeit zu finden, und das inmitten einer nationalen Depression, die das Land lähmte. Allein der Kampf um New York hatte den Staats- und Verteidigungshaushalt so stark belastet, dass sich die Vereinigten Staaten vollständig aus ihren Stützpunkten im Ausland zurückziehen mussten, ihren Verpflichtungen aus der Sozialversicherung nicht mehr nachkommen konnten und ihr kurzlebiges nationales Gesundheitssystem aufgaben. Miami seinem Schicksal zu überlassen, war eine ebenso harte wie logische und bewusste Entscheidung – es sollte nicht die letzte Preisgabe dieser Art sein.

Da und dort waren die reichen Villen von Key Biscayne und in anderen wohlhabenden Wohnvierteln immer noch so etwas wie Luxuspaläste für diejenigen, die ihr Vermögen retten konnten. Wie überall war es auch hier entscheidend, ob man genug Geld hatte – selbst in dieser ertrinkenden Stadt. Da es aber keine Mittelklasse mehr gab, die Polizeikräfte oder eine andere Art kommunaler Präsenz am Leben erhielt, mussten die Begüterten, die vor Ort blieben, sich fortan selbst verteidigen. Noch flossen genügend Geldströme durch Miami, die es der Stadt ermöglichten, eine Art Wirtschaft am Laufen zu halten. Ein Großteil des Geldes kam allerdings über illegale Produkte ins Land, die weite Teile Lateinamerikas mittlerweile dominierten: über Drogen. Die wertvollen Kokasträucher bedeckten inzwischen riesige Gebiete, und Miami war einer der Haupteinfuhrhäfen. Die hiesige Polizei hatte irgendwann vor den gleichen Realitäten kapituliert, die im frühen 21. Jahrhundert die mächtigen kommunalen Polizeikräfte in Südamerika und Mexiko in die Knie gezwungen hatten – es gab schlicht zu viel Geld und zu viele gut bewaffnete Söldner im Dienst der Kartelle. Den Florida Keys ging es noch schlechter. Die Inseln verloren allesamt an Umfang, und ein langer Abschnitt der Straße, die Key West mit dem Festland verband, war unterspült und eingestürzt; Bundesmittel zu ihrer Wiederherstellung standen nicht mehr zur Verfügung. Key West wurde wieder, was es einstmals war, ein Schlupfwinkel für Seeleute und Schmuggler.

Ackerbau war in Südflorida gar nicht mehr möglich. Dafür sorgte allein schon der steigende Salzgehalt im Boden. Die vielleicht größte Veränderung in der ganzen Region vollzog sich westlich von Miami. Auf Bildern, die die wenigen noch funktionierenden Satelliten zur Erde sandten (Cape Canaveral war bei dem großen Hurrikan von 2045 dem Erdboden gleichgemacht worden), konnte man den großen braun-schwarzen Schmutzfleck sehen, der einmal die Everglades gewesen war. Das scheinbar endlose grüne Naturparadies existierte

4 Tropische Wirbelstürme benötigen zu ihrer Entstehung warmes Wasser. Mit steigenden (Meeres-)Temperaturen treten Hurrikane (Atlantik) und Taifune (Asien) nicht nur häufiger auf, ihre Zerstörungskraft wird ebenfalls zunehmen.

nicht mehr, es war eines der ersten Opfer des steigenden Meeres geworden. Die Süßwasserpflanzen starben zuerst ab. Die Mangroven, die sie teilweise ersetzten, waren noch zu jung, um einen deutlichen grünen Abdruck innerhalb der Masse toter Vegetation zu hinterlassen. Dieser Wandel war derart fundamental, dass das Niveau des Luftsauerstoffs über Florida gesunken war, nicht stark, aber doch messbar – wie in anderen tief liegenden Regionen der Erde auch: die Mündungsgebiete von Amazonas, Nil, Mekong oder Ganges verloren ihre Vegetationsdecke und damit einen erheblichen Anteil der Lebewesen, die Sauerstoff produzierten.

Im Jahr 2120 war das Meer in Südflorida »nur« um zwei Meter angestiegen. Aber der Anstieg beschleunigte sich. Miami war dazu bestimmt, nicht länger als Stadt zu existieren.

Prärie unter Wasser

Es ist nicht nur das Europa des Jura, das Unmengen spektakulärer mariner Fossilien hinterließ. Nahe der Grenze zwischen den US-Bundesstaaten North Dakota und Montana wird die heutige Landschaft vor allem aus ehemaligen Meeresböden aufgebaut – getrennt durch eine Sedimentschicht, die von Flüssen abgelagert wurde. Das Land ist von eigenartiger, kahler Schönheit. Wenn die Sonne auf- oder untergeht, überziehen sich Sandstein und Tonschiefer, Tafelberge und Schichtstufen mit Flecken in unterschiedlichen Brauntönen, die in der Sonne zu leuchten scheinen. Fossilien und Gesteinsmerkmale zeigen uns, dass die heller gefärbten Schichten entlang dicht bewachsener Flusstäler abgelagert wurden, gegen Ende der Kreidezeit, vor 68 bis 66 Millionen Jahren. In diesem Gestein wurde *Tyrannosaurus Rex*, das wohl berühmteste Fossil der Welt, gefunden, aber auch pflanzenfressende Dinosaurier, seine Beutetiere.

Stratigrafisch über und unter den Flusssedimenten zeigt sich ein veränderter Fossilinhalt. Aber auch das sie umgebende Gestein sieht anders aus. Viel dunkler gefärbt stellen diese Sedimentschichten keine Flussablagerung dar, sondern Ablagerungen eines Meeres, das sich dort ausbreitete, wo vorher Land gewesen war. Die Fossilien dieser dunklen Schichten sind ähnlich spektakulär wie die von Holzmaden. Am häufigsten finden sich die wunderschön irisierenden, versteinerten Schalen der Ammoniten, mittlerweile längst ausgestorbener Kopffüßer, deren nächster noch lebender Verwandter das Gemeine Perlboot des tropischen Pazifik ist. Wie eine Nautilusschale aus heutiger Zeit schimmern diese fossilen Ammoniten beim Ausgraben in der Sonne. Das ist aber noch nicht alles. Unter den Molluskenschalen finden sich die seltenen Knochen von riesenhaften Meeresechsen wie auch des größten Krokodils aller Zeiten – eines Ungeheuers namens *Deinosuchus*, das mit den Mosasauriern um Nahrung konkurriert haben muss, vielleicht auch um Brutplätze. Als Meeresbewohner mussten sie sich auf in Flossen verwandelten Beinen mühsam an Land schleppen, um ihre kostbaren Eier abzulegen, und dabei ständig auf der Hut sein vor den räuberischen Tyrannosauriern.

Diese ehemaligen Meeresböden haben eine sehr tiefgreifende Botschaft für uns: Was heute weitab des Meeres, tief im Landesinneren liegt, war einmal ein flacher Ozean. Er war Teil des großen Western Interior Seaway, eines breiten Seitenarms des Weltmeeres, der während der Oberkreide und darüber hinaus existierte. Die alten Schichten erzählen uns, dass diese Meeresstraße kein statisches Gebilde war: Ihr Wasser stieg und fiel, so wie der Spiegel des globalen Ozeans stieg und fiel. Die Dinosaurierbetten des großen amerikanischen Westens, die unter festländischen Bedingungen abgelagert

5 Die Badlands des Makoshika State Parks sind Teil der sogenannten Hell-Creek-Formation, die sich vor 67 bis 65 Millionen Jahren bildete. Die Sedimente gehören zu den bedeutendsten Fundstellen für Dinosaurierfossilien weltweit.

wurden, liegen auf den Überresten eines großen Binnenmeeres, das vor etwa 100 Millionen Jahren entstand – und zwar aufgrund eines Anstiegs des Meeresspiegels. In diesem Fall war es keine Eisschmelze, die das Wasser steigen ließ, sondern jener Volumenrückgang der Meeresbecken, der oben beschrieben wurde. Bei seinem Höchststand in der Kreidezeit war das nordamerikanische Binnenmeer hunderte Meter tief und hunderte Kilometer breit. Es trennte das östliche Nordamerika von seinen westlichen Bereichen und teilte den Kontinent in zwei Landmassen. Das Meer stieg und sank, aber das geschah extrem langsam und benötigte Hunderttausende von Jahren, um seine oszillierende Geschichte zu entfalten. Die letzte Entwässerung, welche die Geografie dieses Landstriches schuf, fand vor zig Millionen Jahren statt.

Zwei Riffe in Florida

Es gibt aber noch eine andere Stelle auf der Erde, die uns nicht nur zeigt, dass die Veränderung des Meeresspiegels gewaltig sein kann, sondern auch, dass eine solche Veränderung, wenn man sie mit jenen urzeitlichen steinernen Betten in North Dakota vergleicht, möglicherweise sehr schnell geschieht. Der Ort, der uns eine solche Geschichte erzählt, ist heute ein kleiner Steinbruch, gut versteckt auf einer der berühmten Inselketten im südlichen Florida – den Florida Keys.

Wenn man hinunter nach Key Largo geht und im Pennecamp State Park – dem ersten Unterwasserpark in Amerika – Taucherbrille und Flossen anlegt und den Blick an der drei Meter hohen, zwei Tonnen schweren bronzenen Jesusstatue vorbei richtet (sie ist ein Abguss der Bronzefigur »Il Cristo Degli Abissi«, gespendet vom italienischen Hersteller von Tauchequipment, Egidi Cressi), dann fällt der Blick auf die reiche Vielfalt eines echten Korallenriffs – des einzigen der Vereinigten Staaten (außerhalb von Hawaii). Seine riesigen Steinwälle umschließen eine Wohnstätte für wirbellose Tiere, die von unzähligen winzigen, anemonenähnlichen Korallenpolypen bevölkert ist. Während des gefährlichen Tageslichts ziehen sie ihre Tentakel ein und warten, bis sich der Mantel der Dunkelheit über sie legt, bevor sie tastend hinausgreifen auf der Suche nach vorbeischwimmender Beute. Diese enormen hundertjährigen *Montastrea*-Korallen sind umgeben von vielen anderen kleineren Korallen: der massiven Siderastrea sowie zwei Spezies der hornförmigen Acropora, *A. cervicornis* (die einem Hirschgeweih am nächsten kommt), und *A. palmata* (einem Elchgeweih ähnlich), die mit ihren Wedeln ein stachliges Dickicht um die Flanke von *Montastrea* bilden. Die Korallen leben seit Millionen von Jahre in dieser Region. Aber man sollte sie sich unbedingt jetzt sofort ansehen, denn dieses Riff stirbt, und zwar schnell. Das warme Meer, scheinbar so friedlich und reich an biologischer Vielfalt, breitet nur eine Decke über eine drohende Katastrophe, denn die meisten der *Acropora*-Korallen in Pennecamp sind bereits tot. Das Meer hat sich in den letzten Jahrzehnten nach und nach erwärmt, und dieser Abschnitt des Floridariffs war unter den ersten, die das erlebten, was später als Korallenbleiche bekannt wurde.

Florida beherbergt aber noch ein weiteres Korallenriff. Sein Zustand bietet erstklassiges Studienmaterial für ein Graduiertenkolleg zu den Auswirkungen des Meeresspiegelanstiegs. Nicht weit entfernt von Key Largo gibt es eine kleinere Koralleninsel namens Lone Pine Key. Zu einer Seite hin liegt ein flacher Bereich, der aussieht wie ein aufgegebener Steinbruch (was er auch war). Man wird von einer Menge weißer, in der Sonne hell leuchtender Felsen empfangen. Aus der Nähe erkennt man, dass die großen weißen Wälle aus gigantischen Korallenskeletten bestehen, durchsetzt von einer Fülle kleinerer Korallen und Muscheln sowie nicht weiter identifizierbarem Kalkstein. Die größten Versteinerungen bilden enorme »Köpfe«, die bei genauem Hinsehen das charakteristische Muster von *Montastrea* aufweisen. Einer, der besonders hervorsticht, hat die

Form eines Pilzes und misst in der Länge mehr als drei Meter. Was wir hier vor uns haben, ist ein fossiles Riff, ein Riff-Friedhof, der in seiner Artenzusammensetzung mit dem (noch) lebenden Pendant vor der Küste nahezu identisch ist.

Korallen dieser Größe – fest gefügt durch die Chemie des tropischen Ozeans und umgeben von all den Lebewesen, die dieses Gerüst bauen und zusammenhalten und seine dreidimensionale wellenfeste Struktur schaffen – entwickeln sich nur unter Wasser. Aus den Bestandteilen dieses Riffs ergibt sich, dass es strukturell den Riffs vor der Küste gleicht, die man heute in einer Wassertiefe von mindestens drei, manchmal auch bis zu zehn Metern findet. Das alte Riff hier liegt aber heute drei Meter über dem Meeresspiegel. Ist es von einer Sturmflut nach oben befördert worden? Durch ein Erdbeben? Oder einfach dadurch, dass die Florida Keys sich gehoben haben, etwa weil tief in der Erde eine unbekannte Wärmequelle liegt?

Die Antwort ist einfach, wenn auch beunruhigend. Die Riesenkorallen auf Lone Pine Key haben sich kein bisschen bewegt seit den Tagen, als sie an genau dieser Stelle einige Meter tief im Wasser wuchsen – vor rund 125.000 Jahren. Das Land hat sich nicht gehoben, sondern das Meer ist gesunken. Vor 125.000 Jahren (zu Beginn einer Warmzeit) lag der Meeresspiegel um vier bis neun Meter höher als heute – nicht nur hier in Florida, sondern auf der ganzen Welt. Für mehrere Hundert Jahre blieb er auf diesem Niveau, ehe er wieder sank und das einst so üppige Riffe bloßlegte – und abtötete. Der Zeitpunkt dieser Überflutung ist weltweit dokumentiert. Sie war ein globales Ereignis, die echte »Sintflut« – hätte es damals schon Stift und Papier gegeben, um die Geschichte aufzuschreiben. Unbestreitbar ist auf jeden Fall, dass die Menschheit, die Gattung Homo, diese Flut überlebte.

Das Weltklima unseres Zeitalters ist die Folge einer geologisch gesehen jungen Episode einer massiven, kontinentalen Vergletscherung. Umgangssprachlich wird sie Eiszeitalter genannt, Fachleute

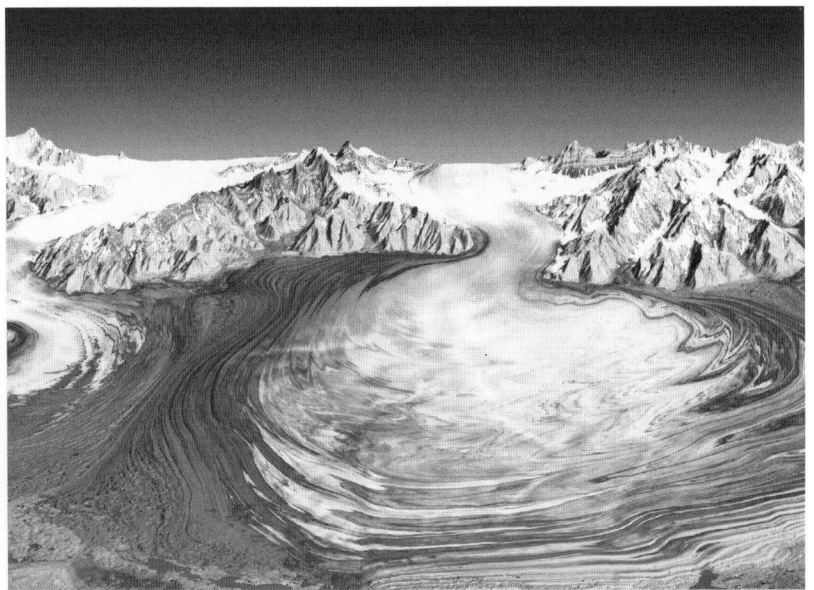

6 Der rezente Malaspinagletscher (Alaska) gilt als anschauliches Beispiel für den Inn-Gletscher zum Zeitpunkt des Gletscherhöchststands der letzten Eiszeit (Würm).

sprechen auch vom Pleistozän. Die letzte Kaltzeit,* die vor rund 11.000 Jahren mit einem umfassenden (wenn auch nicht kompletten) Abschmelzen der Gletscher endete, war aber nur eine unter vielen, die dieses Eiszeitalter ausmachten. Während der vorletzten Kaltzeit war mehr Wasser in Eis gebunden als in der letzten, und danach stiegen die Meere stärker an und schufen das oben beschriebene Riff. Gegen Ende der jeweiligen Kaltzeit müssen die Eisschilde sehr schnell verschwunden und die Meere entsprechend rasch gestiegen sein. Es

---

* *Kaltzeit* ist der (deutlich längere) Zeitraum (ca. 100.000 Jahre) innerhalb eines Eiszeitalters mit tieferen Temperaturen zwischen zwei Zeitabschnitten mit höheren Temperaturen, sogenannten *Warmzeiten* oder *Interglazialen*. Anders als man sich das vielleicht vorstellt, weisen auch Kaltzeiten Temperaturschwankungen auf (auf die wir später zurückkommen werden); die wärmeren Inter*stadiale* sind allerdings weder warm noch lang genug, um etwa wärmeliebende Wälder zu ermöglichen, wie sie für Inter*glaziale* typisch sind.

deutet viel darauf hin, dass gerade ein ähnlicher Anstieg beginnt und die Welt, die unsere Enkel und Urenkel einmal erben werden, zu überfluten droht. Die Geschwindigkeit, mit der das geschieht, könnte noch höher sein als in den letzten Millennien. Es gibt sogar Grund zur Annahme, dass wir den schnellsten Meeresanstieg in der gesamten Erdgeschichte miterleben – und dass er so bald nicht aufhören wird.

Die Geschichte der überfluteten Erde erzählen

In diesem Buch will ich meinen Blick auf die Folgen richten, die sich aus diesen Erkenntnissen für die kommenden Jahrhunderte ergeben könnten. Wir beginnen aus der Perspektive des Jahres 2020, inmitten einer Pandemie. Die zerstörerischen Auswirkungen sind beispiellos: eine neue Pest, die sich an der Zivilisation des 21. Jahrhunderts gütlich tun will. Aber vielleicht ist diese Pandemie sogar unser Glück? Vielleicht kappt der Rückgang der Wirtschaftsleistung den Anstieg der Treibhausgase und verringert den Anstieg des Meeresspiegels? Nun, ich fürchte, das wird nicht so kommen. Es hat sich schon zu viel Wärme im globalen System aufgebaut, zu viel Kohlenstoff wurde bereits in unsere Welt entlassen.

Wie also soll man diese neue Geschichte erzählen? Das erste Kapitel kommt gleich zum Kern der Sache und sucht herauszufinden, wie sich die Veränderung des Meeresspiegels heutzutage vollzieht. Davon ausgehend befasst es sich mit der Geschichte von Meeresspiegelveränderungen in früheren Zeiten und der Art und Weise, wie man diese Geschichte interpretieren kann. Das zweite Kapitel bringt uns das Kohlendioxid näher – was es ist, was es bewirkt und auf welche Weise es zum Treibhauseffekt und zu den neuen globalen Temperaturen beiträgt. Es ist die Menge an Kohlendioxid, die das Klima hauptsächlich steuert, und dieses Gas wird auf die eine oder andere Weise von jedem einzelnen Menschen auf dem Planeten

7 Szene aus dem frühen Miozän Europas, als die Temperaturen global um 4 bis 5 Grad Celsius höher waren und die Meere bis zu 60 Meter höher standen als heute. Ein mögliches Szenario für die Zukunft?

produziert. Daher spielt die Zahl der Menschen auf dem Planeten für unsere Zukunft eine große Rolle. So leitet das zweite Kapitel zum dritten über, das sich mit der menschlichen Bevölkerungsentwicklung beschäftigt und untersucht, wie sich Veränderungen in diesem Bereich auf den Energiebedarf auswirken werden. Im vierten Kapitel schauen wir uns das Wechselspiel zwischen Meeresspiegel und den Nahrungsquellen der Menschen an und wie selbst ein bescheidener Anstieg des Meeres die landwirtschaftlichen Erträge weltweit dramatisch beeinflussen wird. Im fünften Kapitel beschäftigen wir uns mit dem Schicksal der großen Eisschilde von heute auf Grönland und in der Antarktis – wie und wann sie sich gebildet haben und wie schnell sie schmelzen werden. Kapitel sechs blickt auf die Überflutung von Städten bei unterschiedlich hohem Meeresspiegel und auf die dramatischste aller Zukunftsaussichten: dass nämlich der Klimawandel (bei dem die steigenden Meere nur ein, wenn auch vielleicht der gefährlichste Aspekt sind) zu Migration führt, zu massenhaften Bewegungen einer neuen Art von Flüchtlingen, den Klimaflüchtlingen. Kapitel sieben schaut tief in die Vergangenheit zurück und untersucht frühere Epochen, in denen es keine Eisschilde gab, und prüft, ob Bedingungen, die in der Vergangenheit zu Massenaussterben führten, in irgendeiner Weise vergleichbar sind mit dem, wohin sich die Erde gerade bewegt. Im achten Kapitel beschäftigen wir uns schließlich mit Möglichkeiten, wie »Die große Flut« gestoppt werden kann. Dieses Kapitel wird »Fixes« beschreiben, also Möglichkeiten, die diskutiert werden, um dem Anstieg des Meeresspiegels Einhalt zu gebieten oder einen Umgang mit ihm zu finden, sowohl durch lokale als auch durch globale technische Maßnahmen. Es gibt noch ein klein bisschen Hoffnung, wenn wir jetzt handeln. Jetzt sofort. Aber der Zug verlässt bereits den Bahnhof. Vielleicht für immer.

In gewisser Weise ist dieses Buch eine Art geologische Version des Buches *A Christmas Carol*, einer Geistergeschichte zum Christfest von Charles Dickens. Nennen wir es *A Christmas Carol on Ice*. Wir müssen in der Tat auf Geister vergangener, gegenwärtiger und zukünftiger Fluten gefasst sein. Den Geist der Zukunft führt uns das Chrysler Building vor Augen, wie es aus einem aufgewühlten grünen Meer mit weißen Schaumkronen auftaucht – oder auch das Bild der neuen Insel von Miami. Die Entscheidung liegt ganz bei uns, ob wir uns mit dieser Schreckensvision abfinden oder doch eine positivere Variante erschaffen wollen.

KAPITEL 1

Das steigende Meer

James Ross Island, Antarktis, 2009, CO_2 bei 385 ppm

Der Klang schmelzenden Eises in der Antarktis* ist unverkennbar. Vom Plätschern kleiner Rinnsale bis zum merkwürdigen Stöhnen der kleinen schwimmenden Eisschlacken – den mehr oder weniger finalen Bruchstücken der kalbenden Gletscher – ergibt sich eine Geräuschkulisse, als lebte man in der Nähe einer Autobahn. Es war dieses Geräusch, vielleicht aber auch ein anderes, das mich aus einem seltsam flachen Tiefschlaf riss, einem Schlaf voller unruhiger Träume, wie er typisch ist für die Antarktis. Nach 35 Tagen harter Arbeit und engem Zusammenleben störte mich der Schmutz und der Körpergeruch, die Schmerzen nach den langen Stunden, in denen ich Fossilien aus gefrorenem Stein gegraben hatte. Aber vor allem beunruhigte mich das Wetter, sogar nachts. Die ersten Schwingungen der Zeltstangen verhießen nichts Gutes. Sie kündigten das Aufkommen eines heftigen Windes an, der unweigerlich zu einem ohrenbetäubenden Aneinanderschlagen von Zelttuch und Metallstangen führen würde. Meine Partner und ich hatten schnell gelernt, derart aufkommende

---

* Der Begriff »Antarktis« wird im weiteren Verlauf synonym zum Begriff »Antarktika« verwendet.

Winde mit einigem Unbehagen zu assoziieren, mit Angst, Stress bis hin zu Todesfurcht. Ich hatte, was die Antarktis betraf, einiges erwartet, selbst diese intensiven und verstörenden Stürme, wenn auch nicht ihre Häufigkeit und Wut. Was ich aber nicht erwartet hatte, war, dass die Antarktis mit so viel Energie dahinschmolz.

Heute war kein Tag zum Herumliegen im warmen Schlafsack; heute war unser letzter Tag, an dem uns das große Schiff, das uns vor einem Monat zusammen mit mehreren Tonnen Nahrung und Wasser hier auf dieser unbewohnten Insel abgesetzt hatte, wieder abholen sollte. Wir hatten das Schicksal schon genug herausgefordert, indem wir die sogenannte Saison, das kurze Zeitfenster, in dem Wissenschaftler sich auf Antarktika herumtreiben und tatsächlich Wissenschaft betreiben können, bis zum letztmöglichen Zeitpunkt ausgedehnt hatten. Unser wissenschaftliches Projekt verfolgte das Ziel, Sedimente möglichst genau zu datieren. Wir waren nach James Ross Island, einem großen Stück Land am Ende der bogenförmigen antarktischen Halbinsel, gekommen, um Meeresfossilien zu sammeln, die Zeugnis ablegen konnten von der Zeit unmittelbar vor, während und nach dem Ende der Dinosaurier.

Wir hatten aber auch noch ein anderes Ziel. Gegen Ende des Dinosaurierzeitalters oszillierte das Wasser des globalen Ozeans stärker als üblich. Es war schon lange akzeptiert, dass die langfristigen Phasen des Steigens und Fallens der kreidezeitlichen Meere durch langsame Veränderungen im Volumen der Ozeane verursacht wurden, welche wiederum auf wechselhafte Wärmeströme tief im Erdinneren zurückzuführen waren. Gegen Ende der Kreidezeit vollzogen sich die Meeresspiegelschwankungen jedoch so schnell, dass man dafür nicht tektonische Veränderungen verantwortlich machen konnte – und dann konnte es eigentlich nur noch an schmelzendem Eis liegen. Zum ersten Mal stellten Forscher daher die Frage, ob es vor 66 bis 70 Millionen Jahren an Nord- oder Südpol nicht doch nennenswerte Mengen Eis gegeben haben könnte. Bis dahin hatte man diese Möglichkeit als abwegig abgetan und zwar aus einem einfachen Grund: Das gesamte Mesozoikum – inklusive seines glühend heißen Endes durch den außergewöhnlichen Einschlag eines großen Asteroiden auf der Halbinsel Yucatán in Mexiko – war eine Treibhausperiode mit stark erhöhten Kohlendioxidkonzentrationen in der Atmosphäre. Das Niveau dieses hochwirksamen Treibhausgases war drei Mal, vielleicht sogar fünf Mal so hoch wie das des Jahres 2009 mit seinen 385 parts per million (ppm). Niemand konnte sich Eisschilde von nennenswerter Ausdehnung in einer Welt mit derart hohen Kohlendioxidwerten (und damit Temperaturen) vorstellen. Aber wäre das denn überhaupt möglich gewesen?

Dass wir auf diese Frage eine Antwort finden, ist von enormer Bedeutung für unsere Erde. Vielleicht – wirklich nur vielleicht – gibt es ja einen Zustand mit sehr viel höheren atmosphärischen Kohlendioxidwerten als heute, ohne dass in der Folge Eisschilde und Eiskappen schmelzen. Vielleicht muss der aktuelle Anstieg des Kohlendioxids nicht zwangsläufig zu einem derart umfassenden Abschmelzen führen – und uns bleibt der verheerende Anstieg des Meeresspiegels erspart. Das war die gute Nachricht, auf die wir gehofft hatten. Aber in dem Gestein, das zu untersuchen wir die lange Reise unternommen hatten, gab es möglicherweise Anzeichen, die Böses ahnen ließen – und die ebenso mit dem Meeresspiegel zu tun hatten.

Dass ein Asteroideneinschlag die Herrschaft der Dinosaurier beendete, war seit zwei Jahrzehnten nicht mehr infrage gestellt worden. Die Theorie musste stimmen – selbst Hollywood hatte davon Kenntnis genommen und zwei Blockbuster über Asteroide gedreht, die auf die Erde trafen (beide Filme schlugen übrigens ein wie eine Bombe, um im Bild zu bleiben). Die Alvarez-Hypothese – wonach das Aussterben der Dinosaurier unmittelbar auf die Umweltauswirkungen zurückzuführen sei, die der Einschlag eines großen Himmelskörpers auf der Erde hervorrief – schwang sich sogar zur allgemeingültigen These für alle Massenaussterben auf. Das »KT-

Event« (das an der Grenze von der Kreide- zur Tertiärzeit stattfand), das die Dinosaurier zur Strecke brachte, galt schlichtweg als das letzte derartige Ereignis in einem 500 Millionen Jahre währenden Armageddon für prähistorische Tierarten.

In letzter Zeit wurden aber Zweifel laut. Eine neue Version einer populären alten Erklärung wurde ins Spiel gebracht, wonach die Gründe doch auf der Erde zu finden wären, nämlich im Vulkanismus. Als ein Junge, der in den späten 1950er- und frühen 1960er-Jahren aufwuchs, liebte ich Filme, in denen aus Ton geformte Dinosaurier mittels Stop-Motion-Animation ruckartig durch die Gegend zuckelten und am Ende von aus dem Schlot eines gewaltigen Vulkans herausgeschleuderter Lava begraben wurden. In den 2000er-Jahren vertraten Arbeiten dutzender Geologen (auch meine) die Ansicht, das Sterben der Dinosaurier könnte die einzige Ausrottung gewesen sein, die (zu welchen Anteilen auch immer) auf einen Asteroideneinschlag zurückzuführen sei. Alle anderen hatten eine andere Ursache, nämlich (zumeist) gewaltige Vulkaneruptionen. Sie veränderten die damalige Welt noch drastischer als das, was unserer heutigen Welt bevorsteht und was sich mir in der Antarktis zeigte. Doch es gibt Parallelen; was die Urzeitgeschöpfe der Erde umbrachte, droht nun auch uns zu ertränken.

Lange bevor die Menschen auf der Bühne der Erde erschienen, hatte das Zusammenspiel geologischer Kräfte bereits mehrmals dazu geführt, dass sich der Planet extrem erwärmte. Solche Ereignisse, so selten sie waren, veränderten das Leben und den Gang der Evolution massiv. Die Erwärmung war die Folge enormer Mengen Kohlendioxid, die aus den Flutbasalten ausgasten und dabei Treibhausbedingungen in der Atmosphäre schufen, die den Planeten rasch aufheizten, bis die Pole fast so warm waren wie der Äquator. Die Temperaturgradienten zwischen hohen und niederen Breiten waren in diesen Zeiten deutlich schwächer ausgeprägt, was dazu führte, dass Wind- und Meeresströmungen in ihrer Stärke nachließen, in manchen Fällen bis zum Stillstand. Ein derart beruhigter Ozean verliert Sauerstoff, letztendlich auch an seiner Oberfläche. Das Ergebnis waren sehr unangenehme Ereignisse, etwa das Entstehen extrem ausgedehnter, globaler »Todeszonen«, wie man sie heute lokal im Golf von Mexiko oder auch vor der Küste von Namibia findet. »Anoxische« Bereiche kennen wir auch von vielen Seen und Mündungsgebieten, wo Bedingungen der Eutrophierung den lebensspendenden Sauerstoff im Wasser aufzehren. Warmes Wasser enthält viel weniger Sauerstoff als kälteres Wasser, aber was noch schlimmer ist: Stagnierendes warmes Wasser ist eine Brutstätte lebensfeindlicher Mikroorganismen, die lieber Schwefel als Sauerstoff metabolisieren. Das Abfallprodukt dieser Reaktion ist nicht Sauerstoff, der bei der Photosynthese von Pflanzen unbeabsichtigt produziert wird, sondern giftiger Schwefelwasserstoff, das Gas, das faulige Eier und Blähungen so unwillkommen macht. Schwefelwasserstoff ist aktuell dabei, sich zu einem neuen gefährlichen Schadstoff zu entwickeln. Bohrtrupps, die nach Frischwasser suchen, stoßen darauf in abgeschlossenen Grundwasserlinsen, weltweit entsteht das Gas in verrottendem Seetang an Stränden – örtlich in Konzentrationen, die Tiere töten können (an einer Küste in Frankreich war einmal sogar ein Pferd Opfer eines solchen »Gasangriffs«).

Doch was hat all dies mit dem Meeresspiegel zu tun? Die geschilderten Ereignisse koinzidierten oft mit hohen Meeresspiegelständen, an deren Ende wiederholt größere Massenaussterben, sogenannte Greenhouse Extinctions, auftraten, wobei Schwefelwasserstoff eine der Todesursachen war.

Eines Morgens holte mich der Schrei eines meiner Begleiter aus dem Schlafsack. Ich wappnete mich gegen den üblichen Kälteschock, während ich mich aus meinen Sachen herausschälte: zwei Paar langen Unterhosen und thermischen Oberteilen, zwei Paar thermischen Socken und Schlafhandschuhen, was uns nachts wenigstens einen

Hauch von Wärme vermittelte. An die Kälte hier konnte ich mich nie gewöhnen. In einigen heiklen Situationen hätte sie uns schon beinahe umgebracht, wenn es bei starkem Wind, Schneetreiben und eisigen Temperaturen auf keinen Fall länger als höchstens fünfzehn Sekunden dauern durfte, bis man die Knoten geöffnet hatte, die unsere Zelte verschlossen. An diesem Morgen war es zwar so kalt, dass wir uns alle elend fühlten, aber statistisch war der Sommer 2009 in der Antarktis nicht kalt genug. Wie jeder andere Kontinent erwärmte sich auch die Antarktis – und sie gab dadurch Eis in die Weltmeere ab, wofür einer meiner Kollegen im Nachbarzelt, Eric Steig, Belege zuhauf fand. Sein Befund erregte den Zorn des Senators James Inhofe (des führenden Klimaskeptikers im damaligen Kongress), der ihn und seine Ko-Autoren des Wissenschaftsbetrugs bezichtigte – und das, während rund um unseren Zeltplatz (und darüber hinaus) das Eis zusehends dahinschmolz.

Die Auswirkungen der globalen Erwärmung auf die Antarktis sollte ich in der zweiten Nacht unseres Aufenthalts noch am eigenen Leibe erleben. Ein gewaltiger Sturm war über uns hergefallen, und auch noch der folgende Morgen war grauenhaft. Vom Wind getrieben suchte ich tastend nach der Sicherheit des Essenszelts (was töricht war – ich hätte auf ein Abflauen des Sturms warten und bis dahin meine Zeltstangen so gut wie möglich festhalten sollen). Im Whiteout, das mich überall umgab, orientierungslos geworden, kühlte ich aus und geriet in Panik, bis ich auf Eric traf, der mich in Richtung Küchenzelt lotste – allein wäre ich in die falsche Richtung gelaufen. Als wir dort ankamen, schlürften die anderen Mitglieder unseres Sieben-Personen-Teams bereits ihren Kaffee oder Tee, und jeder hatte eine Geschichte über den außergewöhnlichen Sturm zu erzählen. Unsere Camp-Managerin, eine Mitarbeiterin der National Science Foundation, die bereits zahlreiche Forschungscamps wie das unsere in Antarktika ausgerichtet und organisiert hatte, spielte den Sturm herunter, wie das alte Hasen gerne tun. Nicht mehr als

30 Knoten Wind, sagte sie, ohne eine Miene zu verziehen. Eric und ich mussten uns nur kurz anschauen, um Bescheid zu wissen, denn in Sachen Sturm und Wind machte uns keiner etwas vor. In Seattle, wo wir beide lebten, sind Orkane keine Seltenheit, und der Wind in dieser Nacht hier war sehr viel näher bei hundert Knoten als bei dreißig – und damit auch kein durchschnittlicher antarktischer Sturm.

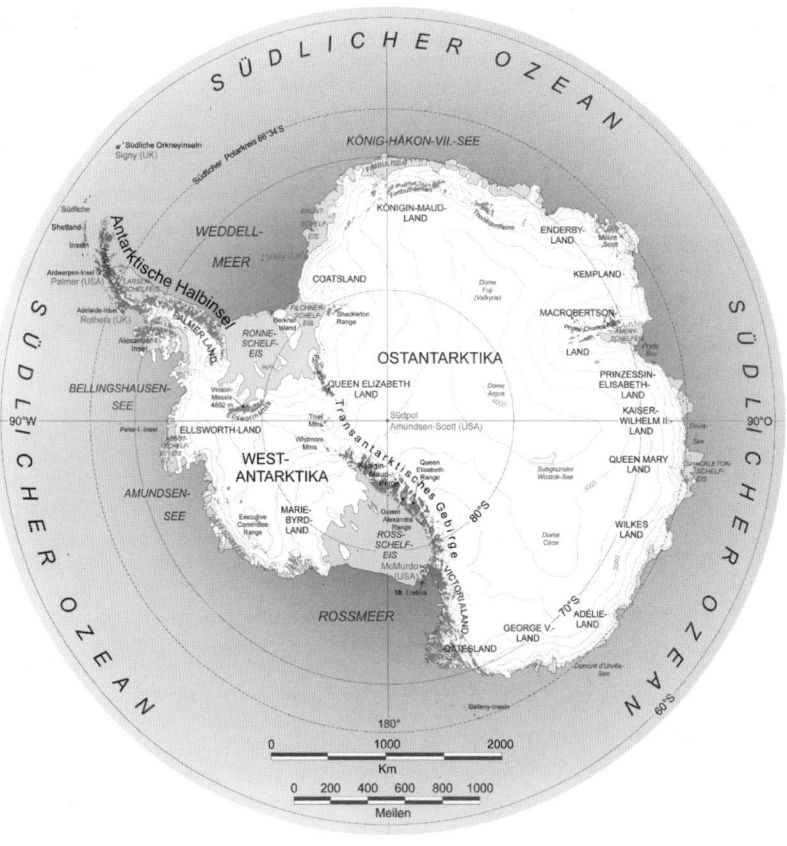

8
Übersichtskarte der Antarktis mit der Antarktischen Halbinsel und dem Transantarktischen Gebirge, das die West- von der Ostantarktis trennt.

9 Front des antarktischen Eisschildes: Gletscher, die ins Meer kalben, sind die ersten, die in einem wärmeren Klima kollabieren.

Ferner war Eric ein wahrer Antarktisprofi, der in Summe schon Jahre hier verbracht hatte und von so einem Sturm bislang nicht zu berichten wusste. Was der Wind mit unseren Zelten anzustellen versuchte, hatte nichts mit normalem Wetter zu tun oder inadäquater Ausrüstung. Hier war ein Sturm am Werk, der in seiner Heftigkeit – die Windstärke lag ununterbrochen bei mindestens 70 Knoten, die Windspitzen noch weit darüber – eine neue Realität darstellte. Später sollten wir erfahren, dass das Camp einer anderen paläontologischen Gruppe auf einer nahe gelegenen Insel komplett zerstört wurde; sie mussten sich halb erfroren zwei Tage lang in eine Höhle flüchten – ein glücklicher Zufall –, bis sie Hilfe bekamen. Ihre Zelte waren vom Wind schlichtweg zerrissen worden. Später erfuhren wir auch von argentinischen Wissenschaftlern, die auf der gegenüberliegenden Seite der Insel campierten, dass es der schlimmste

Sturm gewesen sei, den sie je erlebt hatten – und dabei statteten sie diesem Teil der antarktischen Halbinsel seit dreißig Jahren regelmäßig Besuche ab.

Die Ursache für diese Stürme, die anomale Wärme, zeigte sich nicht nur in den heftigen Wetterverhältnissen. Unser Camp war ein Sumpf, obwohl wir uns schon mitten im antarktischen Herbst befanden. Der Permafrost, auf dem das Camp stand, war am Schmelzen – vielleicht das erste Mal seit Millennien. Zwischen und unter unseren Zelten hatte sich ein Teich gebildet, der ständig größer wurde. Waren wir innerhalb unseres Camps unterwegs, brauchten wir Gummistiefel.

Nun lag das Schiff also da, so als ob nichts gewesen wäre; sein Umriss erschien winzig vor der sich auftürmenden Mauer aus Eis. Diese war höher als ein zehnstöckiges Gebäude, denn jenseits der Bucht, wo sich das Schiff jetzt leise zwischen schwimmendem Eis auf und ab bewegte, lag eine gewaltige Gletscherzunge, ein Fragment des noch viel größeren Eisschilds, das einen Teil der James-Ross-Insel bedeckte. Es sah spektakulär aus – als führten die Wasserfälle, die aus ihm entsprangen, das seit Urzeiten gefrorene Wasser in kürzester Zeit ins Meer hinein. Ich dachte darüber nach, ob es ein Instrument mit entsprechender Empfindlichkeit geben könnte, um den Anstieg des Meeresspiegels zu messen, der durch den schmelzenden Eisschild »unserer« Insel verursacht wurde. Denn selbst bei einem kompletten Abschmelzen würden die Weltozeane dadurch vermutlich nur um einige Millimeter angehoben. Bezieht man aber alle die gewaltigen Eisschilde auf unserem Planeten ein, wird das Schmelzen zur großen Flut.

Wir überlebten diese Reise. Und unternahmen in den folgenden Jahren noch drei weitere. Einmal besuchten wir Palmer Station, ebenfalls auf der antarktischen Halbinsel gelegen. Dort hatte ich die Möglichkeit, die kleine Bibliothek durchzusehen, die Fotos und Karten der Gletscher dieser Region enthielt. Einige Fotos waren schon viele Jahrzehnte alt und die Karten, die die Endpositionen der Gletscher markierten, gaben deutliche Hinweise darauf, was hier seit einigen Jahren geschieht. Die Gletscher auf der Antarktischen Halbinsel schmelzen und produzieren Wasserflüsse, die in das nahe gelegene Meer fluten und den Spiegel der Ozeane heben – ganz so wie alle polaren Eisschilde unserer Welt.

Die Wasser über der Erde

Dieses Kapitel ist ein Vorgeschmack auf das gesamte Buch: Es macht uns damit vertraut, dass der Spiegel des globalen Ozeans nicht konstant ist; er hat sich in der Vergangenheit verändert und wird das auch in Zukunft tun. Der beunruhigende Aspekt dieses eigentlich natürlichen Vorgangs liegt darin, dass die aktuellen Vorhersagen zum Meeresspiegelanstieg zu niedrig liegen. Und es ist besonders alarmierend, dass die Veränderungsraten, verglichen mit denen der Vergangenheit, anomal hoch sind.

Das erste Opfer der Veränderung des Meeresspiegels wird die Küstengeografie sein. Als Heranwachsende lernen wir frühzeitig die grundlegende Geografie unserer Welt kennen. Vielleicht merken wir uns nicht die Namen all der Länder dort auf der Wandkarte des Klassenzimmers, aber die Anordnung der Kontinente prägt sich unseren jungen Gehirnen ein. Wir kennen die Umrisse der großen Landmassen, die wie Tintenkleckse aus einem Rohrschachtest als grüne, gelbe oder rotbraune Inseln überall im blauen Meer umherschwimmen. Da wir sie in jungen Jahren verinnerlicht haben, empfinden wir die Umrisse der Kontinente nicht nur als vertraut, sondern als unveränderlich. Vor dem Jahr 1960 wurde allen Schulkindern auch tatsächlich beigebracht, dass die Umrisse der Kontinente und Ozeane über alle Zeiten hinweg die gleichen geblieben sind. Erst vor verhältnismäßig kurzer Zeit entdeckte man, dass die Kontinente unverbesserliche Wanderer auf einer runden Kugel sind, Teile einer beweglichen, wenn auch steinigen Kruste. Wir werden an unseren Karten aber Veränderungen vornehmen müssen, schon lange bevor sich die Kontinentalplatten (in Jahrmillionen) über den Planeten schieben. Beginnend mit dem nächsten Jahrhundert wird sich die Gestalt der Küstenlinien radikal ändern, wenn Wasser über tief liegende Landregionen fließt, sie überdeckt und neu formt.

Wie bereits beschrieben, haben Meeresspiegeländerungen viele Ursachen. Es ist nicht allein das Eis des Festlands und dessen Auf und Ab, es sind auch tektonische Prozesse wie Gebirgsbildungen sowie das Phänomen der isostatischen Hebung, wonach Land aufsteigt, wenn es von auflagerndem Gewicht befreit wird, etwa von Gletschereis. Ein weiterer Faktor, der die Meereshöhe vor Ort beeinflusst, tritt auf, wenn große Flüsse mit ihren Sedimenten ihre Deltas gegen das Meer vorbauen oder wenn Küsten im Vorfeld hoher Gebirgsketten aufgrund der Auflast gewaltiger Sedimentmassen absinken. Manchmal ist die Absenkung größer als der ausgleichende Anstieg, manchmal ist es umgekehrt.

Intuitiv gehen wir davon aus, dass ein Anstieg des Meeres ein global gleichmäßiges Phänomen ist, weil die Ozeane der Welt alle miteinander in Verbindung stehen und sich die große Badewanne an allen Stellen gleichermaßen füllt. De facto gilt dies für große komplexe Strukturen wie Ozeane nicht. Ein sich drehender Planet mit großen Temperaturunterschieden vom Äquator zu den Polen verursacht eine beträchtliche Variabilität. Relative lokale Veränderungen des Meeresspiegels können höher oder niedriger ausfallen als der globale Durchschnitt. Eine ganze Reihe von geologischen und ozeanografischen Faktoren tragen zu dieser Variabilität bei. Dass dies für weite Teile Europas oder die Vereinigten Staaten von Relevanz ist, kann nicht bezweifelt werden. In den USA wird der Anstieg an der flachen Ostküste andere Auswirkungen haben als an der Westküste, in Europa werden sich Nebenmeere wie Ostsee und Mittelmeer anders verhalten als der offene Atlantik und die Nordsee.

Tektonisch bedingte Veränderungen des Meeresspiegels sind zwar messbar, führen aber nur selten zu großen kurzfristigen Schwankungen. Aber es ist eindeutig, dass es Veränderungen gegeben hat, die sich viel zu schnell vollzogen, als dass sie auf tektonische Kräfte zurückgeführt werden könnten. Manche vollzogen sich (aus geologischer Sicht) vor gar nicht allzu langer Zeit und haben zahlreiche Flutmythen hervorgebracht. Wie könnte man einen kurzfristigen Anstieg des Meeresspiegels auch anders erklären als durch eine traumatische Flut, deren gewaltige Auswirkungen von Generation zu Generation weitererzählt werden und so durch die Menschheitsgeschichte wandern?

So viele Mythen – aber, bis vor Kurzem, so wenig Belege. Flutmythen mit Fakten zu untermauern, ist schwierig, denn für eine so bedeutende Veränderung der Meereshöhe seit der Entwicklung der Landwirtschaft müssen zunächst geologische Zeugen gefunden werden. Und dann muss die exakte Zeit bestimmt werden, wann dies geschah. Mit der Entwicklung neuer Datierungstechniken wie auch sehr viel differenzierterer Methoden bei der Interpretation von Sedimenten wurde das Geheimnis zumindest einiger dieser Legenden von der großen Flut gelüftet.

Erzählungen von Wasser, das das Land überflutet und bedeckt, gibt es in vielen Kulturen. Die Geschichte von der Sintflut ist eine der Legenden der Heiligen Schrift, die am häufigsten zitiert werden. Sie erzählt davon, dass das Wasser auf der gesamten Erde anstieg, als Folge eines ungeheuren unablässigen Regens, der fast sechs Wochen anhielt. Die Wissenschaft sagt uns, dass es unmöglich überall auf der Erde zur gleichen Zeit regnen kann, und selbst wenn dies möglich wäre, ist es völlig ausgeschlossen, dass die höchsten Berge auf allen Kontinenten komplett unter Wasser stehen. Um die Erde bis zu einer Höhe von annähernd 9.000 Meter zu bedecken, bräuchte man noch einmal die Menge Wasser, die sich aktuell in den Ozeanen befindet. Die Geschichte von Noah im Alten Testament ist nichts weiter als eine Andeutung, wie sie in den Erzählungen der Zivilisationen der letzten rund 10.000 Jahre immer wieder vorkommt. Sie berichtet von einem Ereignis, dessen Ursache nur in einem Anstieg des Meeresspiegels liegen kann.

Was – wenn überhaupt etwas dahintersteckt – geschah wirklich? Vielleicht entstanden die Flutmythen tatsächlich aus einem spektakulären Vorfall, der sich vor etwa 7.600 Jahren im Schwarzen Meer ereignete. Im Jahr 1997 fanden die Geologen Bill Ryan und Walter Pitman Belege für einen kurzzeitigen Anstieg des Schwarzen Meeres, der wohl riesige Bereiche im gesamten Umkreis überflutete.[1] Bis zu 150.000 Quadratkilometer und mehr könnten innerhalb weniger Monate überschwemmt worden sein. Dieses Ereignis, ebenso kurz wie offenkundig verheerend, könnte in der Tat den Anstoß gegeben haben für die mythischen Erzählungen von einer weltweiten Flut, die aus vielfältigen alten Quellen in jener Region überliefert wurden.

Die Frage steht im Raum, was einen solchen gewaltigen wie kurzfristigen Anstieg verursacht haben könnte. All das Wasser, das über die Ufer dieses Binnenmeeres getreten ist, muss ja von irgendwoher gekommen sein. Kam es von den vielen Flüssen, die in das Schwarze Meer münden? Diese Erklärung zieht sofort die Frage nach sich, warum die Flüsse so plötzlich im Volumen zugenommen haben – und darauf gibt es keine plausible Antwort. Waren es wahrhaft spektakuläre sintflutartige Regenfälle, die alles, was wir heute kennen, unbedeutend erscheinen lassen?

Die Antworten auf dieses Rätsel erhalten wir aus Fossilienfunden aus der Region. Vor der großen Flut war das Schwarze Meer überhaupt kein Meer, sondern ein See, vielleicht der größte der damaligen Welt. Unmittelbar nach dem Ereignis finden wir in der Gegend um das Schwarze Meer herum eine ganz andere Art von

Leben in den Fossilien eingeschlossen: Organismen, die an Salzwasser angepasst sind. Der Spiegel des Schwarzen Meeres konnte sich nur durch eine Überflutung aus dem globalen Ozean gehoben haben, wie auch immer das geschah. Irgendwie fanden die Wassermassen des nächstgelegenen Meeres, des Mittelmeeres (und weiter gefasst des Atlantischen Ozeans), einen Weg in das Schwarze Meer (das bis dahin ein See war).

Das Ereignis muss spektakulär gewesen sein, viel großartiger als die Fernsehkost der Katastrophenfilme. Denn der einzige Zugang konnte auch damals nur dort gewesen sein, wo heute der Bosporus liegt. Heute trennt die Meerenge Istanbul in zwei Teile, damals war sie ein enges, lang gestrecktes Tal. Das Wasser muss durch dieses Tal kommend in das Becken des heutigen Schwarzen Meeres gestürzt sein, mit einem Volumen, das vielleicht 200-mal gewaltiger war als das der heutigen Niagara-Fälle.

Kaum haben wir jedoch das eine Geheimnis gelüftet, wartet schon das nächste auf uns. Warum nur hätte all das Salzwasser des Mittelmeeres seinen Weg so plötzlich ins Landesinnere nehmen sollen? Vielleicht gab es ein gigantisches Erdbeben, das zwischen Meer und See eine Passage öffnete? Vielleicht war es aber auch einfach nur ein rascher Anstieg des globalen Ozeans. Jedenfalls fanden Ryan und Pitman eine Reihe überzeugender Belege für eine »Sintflut«. Solche Zeugnisse stehen am Anfang jeder neuen Theorie und sind der Schlüssel zum Verständnis von Schwankungen des Meeresspiegels – in der Vergangenheit, der Gegenwart und der Zukunft.

Vom Anstieg des Schwarzen Meeres war nicht allein die unmittelbare Küstenregion betroffen, selbst die Sedimente an den tiefsten Stellen des Meeres hatten sich verändert. An den Küsten hinterließ der Anstieg ebenfalls charakteristische Zeugnisse in den Ablagerungen. Andere Belege zeigen, dass die Überflutung wirklich substanziell war – und der Wasserspiegel eventuell um bis zu 170 Meter stieg. Das Gewässer lag in einem geschlossenen Becken, rundum von höher gelegenem Land umgeben. Wie hoch der Weltozean auch immer anstieg, er brachte genug Wasser mit, um die Gegend um das Schwarze Meer kräftig zu überfluten.

Es gibt keinen Zweifel daran, dass die Weltmeere um diese Zeit herum gegen das Land vordrangen, und man kann gut nachvollziehen, was damals geschah. Die Zeit vor 9.000 bis 5.000 Jahren ist bekannt als das Holocene Thermal Maximum; es erreichte vor ca. 8.000 Jahren seinen Höhepunkt, nachdem die Temperaturen innerhalb weniger Jahrhunderte stark angestiegen waren. Es war die wärmste Periode innerhalb der letzten 12.000 Jahre (wenn man unsere eigene Zeit ausnimmt). Die Erwärmung der Atmosphäre ließ die Eiskappen zu größeren Teilen schmelzen, sicher in Grönland, vielleicht auch in Antarktika. Sie trieb zudem das Abtauen vieler Gebirgsgletscher in tieferen Lagen voran. All dieses Wasser musste irgendwohin. Es ließ die Ozeane ansteigen – und in den See überlaufen, der fortan zum Schwarzen Meer wurde. Die Geschichte um Noah zusammen mit den geologischen Belegen zeigt uns klar auf, dass sich der Meeresspiegel verändern kann, und zwar in relativ kurzer Zeit. Am schnellsten geht es immer dann, wenn Eis abschmilzt – und das ist das, was wir gerade machen: Wir bringen das Eis zum Schmelzen.

Der aktuelle Anstieg und die Berichte des IPCC

Die wichtigste aller wissenschaftlichen Fragen – und für unsere Zivilisation eventuell eine Frage auf Leben und Tod – lautet: Wie weit und wie schnell werden die Meere steigen? Es gibt dazu unzählige Prognosen, die auf Abertausenden von Webseiten zur Diskussion gestellt werden. Aus wissenschaftlicher Sicht besteht nach wie vor große Unsicherheit über das Ausmaß, doch von der Steigungsrate wird abhängen, was überflutet wird und was nicht, welcher Staat weiter existiert und welcher nicht.

10 In Malé, der Hauptstadt der Malediven, leben über 150.000 Menschen. Steigen die Meere nur um einen Meter, steht die Stadt unter Wasser.

Ein Anstieg der Meere, hervorgerufen durch einen Anstieg der Erdtemperatur um vier oder fünf Grad, wird keinen Menschen direkt töten. Selbst ein Anstieg um zehn Meter würde so langsam erfolgen, dass sich jeder Mensch retten könnte, es sei denn, eine Sturmflut ließe Deiche brechen und das Meer würde in kürzester Zeit gegen das Land vordringen. Und trotzdem wären die Folgen eines Anstiegs von zehn oder auch nur zwei Metern gewaltig, allein wegen der Fläche Land, die dadurch verloren ginge. Der Verlust von Ackerland wird zu Hungersnöten in einer bislang nicht gekannten Größenordnung führen. Die Flut von Menschen, die vor der Flut des Meeres fliehen müsste, wäre ebenfalls gewaltig.

Die Einsicht, dass wir aktuell in einer Welt leben, in der sich das Klima stark verändert, stammt nicht erst aus dem 21. Jahrhundert. In den 1980er- und 1990er-Jahren waren Wissenschaftler auf der ganzen Welt bereits so alarmiert, dass sie eilig zusammenkamen, um regelmäßige Treffen zu organisieren. Sie stellten sich der überaus schweren Aufgabe, ihre jeweiligen nationalen Regierungen davon zu überzeugen, dass dieser jüngste Angriff auf die Zivilisation rasches Handeln erforderte. Ein Ergebnis dieser Aktivitäten war die Einrichtung des International Panel on Climate Change. Das IPCC (auch Weltklimarat genannt) setzt sich aus einer internationalen Gruppe von Wissenschaftlern zusammen, die aus vielen unterschiedlichen Disziplinen stammen. Die Ergebnisse ihrer Zusammenkünfte und Beratungen liegen in veröffentlichten Berichten vor, die zusehends umfangreicher werden. Es geht ihnen nicht allein darum, die Veränderungen, die in den letzten Jahren stattgefunden haben, zu dokumentieren, sondern auch zukünftige Raten und Trends zu berechnen.

Wie also sehen die Schätzungen zum Meeresspiegelanstieg aus, und wie sind sie zu bewerten? Bisher hat der IPCC fünf Sachstandsberichte und mehr als zehn Sonderberichte veröffentlicht; der sechste Bericht wird für 2021/22 erwartet. Der vierte IPCC-Report von 2007 kam bei der Abschätzung des künftigen Meeresspiegelanstiegs für sein Worst-Case-Szenario auf einen Wert von maximal 59 Zentimetern bis zum Jahr 2100. Die Zahlen stifteten damals erhebliche Verwirrung. Viele Medien werteten sie als gute Nachricht, denn die Zahlen des dritten Berichts von 2001 lagen mit maximal 88 Zentimetern höher. Bedeutete das, dass sich der Klimawandel abgeschwächt hatte? Mitnichten! Wer so mutmaßte, verglich Äpfel mit Birnen, denn die Zahlen von Bericht Nummer drei enthielten einen 18-cm-Zuschlag für »ice dynamic uncertainty«, während Bericht Nummer vier diese »Unsicherheit« im Text separat erwähnte und mit zusätzlichen »10, 20 oder mehr Zentimetern« bezifferte.

Im fünften Sachstandsbericht des IPCC aus dem Jahr 2013 wurde das dynamische Verhalten von Eisschilden erstmals (ansatzweise) berücksichtigt und die Schätzung angehoben. Je nach Emissionsszenario (representative concentration pathway, RCP) wird bis zum Jahr 2100 ein Anstieg zwischen 0,26 (best case, RCP-Szenario 2,6) und 0,98 Meter (Worst Case, RCP 8,5) erwartet; dazu heißt es, dass »der Zusammenbruch von Eisschilden zu einem zusätzlichen Anstieg um einige zehn Zentimeter führen könnte und – bei einem weiteren Anstieg der Kohlendioxid-Konzentration in der Atmosphäre – zu einem solchen von mehr als drei Metern bis zum Jahr 2300«.

	RCP 8.5	RCP 6.0	RCP 4.5	RCP 2.6
Treibhausgaskonzentration im Jahr 2100	1370 ppm CO_2-äq	850 ppm CO_2-äq	650 ppm CO_2-äq	400 ppm CO_2-äq
Strahlungsantrieb 1850–2100	8,5 W/h²	6,0 W/h²	4,5 W/h²	2,6 W/h²
Einstufung	sehr hoch	hoch	mittel	sehr niedrig

11 RCP-Szenarien für den 5. IPCC-Sachstandsbericht (RCP steht für »Representative Concentration Pathways«). Viele Prognosen für den Anstieg des Meeresspiegels oder der Globaltemperatur arbeiten mit diesen vier »repräsentativen« Szenarien.

Jenseits dieser Prognosen verfügen wir über exzellentes Datenmaterial darüber, wie schnell die Ozeane aktuell *tatsächlich* steigen. Der Anstieg erscheint winzig, zwischen 1901 und 2010 waren es im Schnitt 1,7 Millimeter pro Jahr.[2] Bliebe er auf diesem Niveau, würden die Meere zwischen 2020 und 2100 um knapp 14 Zentimeter steigen – doch daran glaubt mittlerweile niemand mehr. Genau genommen sind die Raten auch bereits deutlich höher und sie steigen an, je näher man der Gegenwart kommt: Von 1993 bis 2010 waren es bereits durchschnittlich 3,2 Millimeter pro Jahr, 2018 wurden 3,7 Millimeter gemessen.[3]

Beunruhigend an all diesen Werten ist, dass sich die Realität durchweg am oberen Ende der IPCC-Szenarien bewegt. Tatsächlich steht damit eine eminent wichtige Frage im Raum: ob und wenn ja, um wie viel die Modelle des IPCC den Meeresspiegelanstieg unterschätzen.

Bevor ich darauf zurückkomme, ist es hilfreich, sich die Einschätzung derartiger Zahlenspiele durch den Klimatologen Gavin Schmidt, einen der Autoren des vierten IPCC-Reports, näher anzusehen:

»Die wesentliche Schlussfolgerung aus dieser Analyse heißt, dass die Unsicherheit in Bezug auf den Meeresspiegel nicht kleiner geworden ist …, und dass das Zitieren von 18 bis 59 cm Anstieg nicht die ganze Geschichte erzählt. 59 Zentimeter sind leider nicht der ›Worst Case‹. Darin ist die Unsicherheit in Bezug auf die gesamte Eisdecke nicht enthalten. Das Zahlenintervall umfasst nicht die ganze ›wahrscheinliche‹ Temperaturbandbreite, die die globale Erwärmung im Jahr 2100 produzieren könnte (bis zu 6,4 Grad Celsius). Sie erfasst nicht die Tatsache, dass die Modelle für den Meeresspiegel den Anstieg aus welchen Gründen auch immer unterschätzen. Wenn man dies alles in Betracht zieht, kann meiner Meinung nach ein Meeresspiegelanstieg von mehr als einem Meter keineswegs ausgeschlossen werden. (…) Es geht mir hier nicht darum, zu zeigen, dass die IPCC-Schätzungen in Bezug auf den Meeresspiegel in irgendeiner Hinsicht falsch seien. Ich will darauf hinaus, dass, wenn es um Risikoeinschätzung geht, der Unsicherheitsbereich, mit dem zu rechnen ist, erheblich größer ist als 18 bis 59 cm.«

Wissenschaftliche Zurückhaltung und neue Erkenntnisse

Mittlerweile schreiben wir das Jahr 2020, und wir wollen sehen, wo wir über 30 Jahre nach der Gründung des IPCC stehen. Mit anderen Worten: Sind die Zahlen des IPCC wirklich der »Goldstandard«, als der sie gerne bezeichnet werden? Um dies zu bewerten, müssen wir uns mit dem Phänomen der »wissenschaftlichen Zurückhaltung« beschäftigen – mit dem »Widerstand von Wissenschaftlern gegen wissenschaftliche Entdeckungen«. In meinem eigenen Arbeitsfeld, der Paläontologie, hatte dieses Phänomen Hochkonjunktur, als die Impakt-Theorie (wonach ein Asteroid den Dinosauriern den Garaus machte) veröffentlicht wurde. Jahrzehnte bis Jahrhunderte lang favorisierte Begründungen standen dadurch von heute auf morgen auf dem Prüfstand, und es fiel vielen schwer, dies zu akzeptieren und sich davon zu verabschieden. Denn auch wenn Wissenschaft auf Fakten basiert, basiert sie zu einem nicht geringen Anteil auch auf Reputation. Neue Daten oder Thesen bekommen innerhalb der Wissenschaft mehr oder weniger Gewicht, je nachdem welche Glaubwürdigkeit die dahinterstehenden Wissenschaftler genießen.

Im Falle der anerkanntermaßen unpolitischen Institution IPCC scheint die hohe Aufmerksamkeit, die seine Sachstandsberichte erfahren, durchaus auch eine problematische Seite aufzuweisen. Reputation ist etwas, das nicht allein wegen mangelhafter Daten oder dürftiger Schlussfolgerungen beschädigt werden kann, sondern auch, wenn falscher Alarm geschlagen wird. Dem IPCC wird daher aus wissenschaftlichen (wie politischen) Communities immer wieder vorgeworfen, in seinem Konsensverfahren sehr konservativ zu sein, weshalb er sich auch schon mehrfach nach oben korrigieren musste.

Bereits in den 2000er-Jahren erkannten Klimaexperten wie Stefan Rahmstorf die Limitierung der vom IPCC verwendeten (prozessorientierten) Modelle und entwickelten alternative, semi-empirische Ansätze. Sie basieren auf der Idee, dass die Anstiegsrate des Meeresspiegels proportional zur globalen Erwärmung verläuft und verwenden vergangene Meeresspiegel- und Temperaturdaten, um diesen Effekt zu quantifizieren. Rahmstorf hat die Ergebnisse von fünf Forscherteams mit denen des IPCC verglichen; in vier Fällen kommen diese zu teils deutlich höheren Maximalwerten zwischen knapp unter 1,5 und etwas über 2 Metern für das Jahr 2100.[4] Eine neuere Studie, die ebenfalls drei Emissionsszenarien simuliert, kommt im besten Fall auf 28 bis 56 Zentimeter Anstieg bis 2100, und auf 57 bis 131 im Worst Case.[5]

12 Historische Fotografien zeigen besonders eindrücklich, wie mächtig die Gletscher der Alpen noch vor 100 bis 150 Jahren waren. Von der Position des Fotografen aus wäre der heutige Rhonegletscher kaum noch zu sehen.

Vor Kurzem wurden Expertinnen und Experten um ihre Einschätzungen für den Meeresspiegelanstieg unter Anwendung verschiedener Emissionsszenarien gebeten. Erwartungsgemäß vertrat die Mehrzahl der über 100 Wissenschaftler eine etwas pessimistischere Sicht als der Weltklimarat und kommt für das Jahr 2100 auf einen Meeresspiegelanstieg von 0,3 (best case, IPCC-Szenario RCP 2,6) bis 1,32 Meter (Worst Case, RCP 8,5), für das Jahr 2300 auf 0,54 bis 5,61 Meter.[6] Betroffen hiervon wären selbstredend vor allem die tief liegenden Küstengebiete und die Menschen, die dort leben: insgesamt 770 Millionen oder zehn Prozent der Weltbevölkerung.[7] Was die Forscher stark beunruhigt, sind Studien über die Stabilität großer Eismassen auf Grönland und der Antarktis, denn mittlerweile gilt es als wahrscheinlich, dass Teile des Westantarktischen Eisschilds bereits destabilisiert sind. Es sind diese schnellen, nicht linearen Prozesse, die die Modelle (nach wie vor) nur schwer abbilden können, weil ihre Quantifizierung extrem schwierig ist.

Was wir hingegen sicher wissen, ist, welches »Potenzial« im noch vorhandenen Eis steckt: ein vollständiges Abschmelzen des Grönländischen Eisschildes würde den Meeresspiegel um 7 bis 8 Meter anheben, ein Abschmelzen der Westantarktis ebenso. Die weltweit knapp 160.000 Gletscher und die Plateaugletscher abseits Grönlands und Antarktikas beinhalten genug Wasser, um bei vollständigem Abschmelzen den Meeresspiegel um etwa 50 Zentimeter steigen zu lassen.[8] Das komplette Abschmelzen von Polkappen, Gletschern und Eisfeldern käme einem Meeresspiegelanstieg von über 65 Metern gleich; ein solcher Anstieg wäre nach Aussage mancher Forscher aber erst in über 5.000 Jahren zu erwarten, wenn der CO_2-Ausstoß weitergeht wie bisher[9] – ein weiterer Unsicherheitsfaktor im Spiel der Zahlen.

Wir werden das CO_2-Niveau der Atmosphäre im Auge behalten müssen, denn eines wird immer klarer: das Ausmaß des Meeresspiegelanstiegs ist daran gekoppelt. Während ich dies schreibe, liegt der Wert bei annähernd 420 ppm. Sollte er auf 450 bis 500 ppm steigen, werden die globalen Temperaturen wahrscheinlich um mehr als zwei Grad Celsius gestiegen sein. Sollte der Anstieg drei Grad übertreffen, sind die Meere im Jahr 2100 um 1,3 Meter höher.

Ist die Vergangenheit ein Schlüssel für die Zukunft?

Wer Aussagen über die Zukunft treffen will, arbeitet mit Schätzungen, nicht mit Tatsachen. Alle unsere Vermutungen leiten sich aus Modellen ab – etwas Besseres haben wir nicht. Oder doch? Wir haben die Vergangenheit. Wir können nicht sagen, dass das, was früher passiert ist, heute wieder genauso passiert. Aber indem wir uns die

Erkenntnisse der Geologie zunutze machen und die Vergangenheit entschlüsseln, können wir eine Ahnung davon bekommen, was möglich ist und auf uns zukommen kann.

Noch vor ca. 25.000 bis 20.000 Jahren, als das Eis der letzten Kaltzeit seinen Höchststand erreichte, sahen die Konturen der Kontinente ganz anders aus, weil enorme Mengen Wasser insbesondere in den Eisschilden Nordamerikas und Nordeuropas gebunden waren. Im Grunde kommen wir aktuell gerade erst aus einer solchen Kaltzeit (in unterschiedlichen Gegenden der Welt wird sie als Wisconsin-, Weichsel- oder Würmeiszeit bezeichnet), in der der Meeresspiegel um bis zu 120 Meter tiefer lag als heute. Es lässt sich leicht berechnen, wie viel größer die Landflächen damals gewesen sein müssen und wie die damalige Geografie aussah: Neuguinea war durch eine Landbrücke mit Australien verbunden. Nordamerika war vor allem an seiner tektonisch ruhigen Ostküste deutlich ausgedehnter als heute. Das Mittelmeer war eher ein See als ein Meer. Wenn wir uns einmal vorstellen, dass jedes Jahrhundert eine Sekunde dauerte, könnten wir das Auf und Ab der Meere gut erkennen, etwa wie sich die Hudson Bay entleert und füllt, wie Küsten sich gegen das Meer vorarbeiten und wieder verschlungen werden. Wir wissen, dass all dies sehr schnell ablief, so schnell, dass es innerhalb der Lebensspanne eines einzelnen Menschen wahrgenommen werden konnte. Es ist genau diese Art des schnellen Wandels, mit der wir auch heute konfrontiert sind.

Es braucht keine großen klimatischen Veränderungen, um uns aus einer Situation, die wir managen können, in eine Katastrophe zu katapultieren. Wie wir bereits gesehen haben, lag der Meeresspiegel vor 125.000 Jahren um etwa vier bis neun Meter höher als heute. Die schönen fossilen Korallen, die sich jetzt auf den Florida Keys deutlich oberhalb des Meeresspiegels befinden, sind dafür Beweis genug: Vor 125 Millennien gab es keine Florida Keys, kein Key West und auch keine Everglades. All das lag unter Wasser.

Auch in Europa drang das Meer ähnlich tief ein. In Deutschland, Holland, Großbritannien, Belgien und Skandinavien waren weite Teile überflutet.

Ein wesentlicher Faktor macht die Welt von damals so spannend: der Kohlendioxidgehalt der Atmosphäre. Mit circa 300 ppm lag er auf vorindustriellem Niveau – und trotzdem waren Florida und ähnlich tief liegende Orte vom Meer überspült. Der grönländische Eispanzer musste damals mutmaßlich 20 bis 30 Prozent seines Volumens verloren haben, und das bei Temperaturen, die wohl nur um zwei Grad Celsius höher lagen als heute (denen wir uns aber derzeit sehr schnell nähern). Daher beschäftigen sich viele Arbeiten mit diesem letzten Interglazial.[10] Bereits 2006 zeichnete eine davon eine Welt mit stark veränderten Küstenlinien und gewann mit Computersimulationen ein Bild davon, wie die Eisdecke über Grönland ausgesehen haben könnte. Die Forscher fanden heraus, dass die meisten Eisfelder im arktischen Kanada und auf Island verschwunden waren; der Eisschild in Zentral- und Nordgrönland war bis auf eine steil aufragende Eiskuppel geschrumpft. Zudem belegten paläoklimatische Daten, dass große Teile Südgrönlands eisfrei waren – wo heute Eis liegt, zeigte sich damals blanker Fels. Aber selbst wenn ein großer Teil des südlichen Eisfelds auf Grönland verschwunden war, lag der Meeresspiegel höher als man selbst bei einem so umfangreichen Schmelzprozess hätte erwarten können; es mussten noch andere Eisfelder abgeschmolzen sein und man weiß heute, dass sie in der Westantarktis lagen.[11]

Doch wie rasch kann das Meer in Zeiten globaler Erwärmung ansteigen? Einige der schnellsten Fälle, die belegt sind, gab es wohl in der Zeit der jüngsten Eisschmelze, vor ungefähr 15.000 bis 14.000 Jahren in der Phase des »Schmelzwasserpulses 1A«.[12] Um die entsprechende Rate zu bestimmen, brauchten Wissenschaftler eine geeignete Methode, und die bestand darin, den steinernen Zeugnissen eines Meeresspiegelanstiegs nachzuspüren. Mangroven zum Beispiel sind solche Zeugen, denn sie wandern mit der Küstenlinie eines ansteigenden Meeres landeinwärts und hinterlassen auffällige Spuren im Sediment. Im Gebiet des Sundaschelfs in Südostasien wurde eine solche Untersuchung durchgeführt.[13] Über große Entfernungen hinweg folgten Wissenschaftler der Mangrovenspur und ermittelten so einen Meeresspiegelanstieg von fast 16 Metern über einen Zeitraum von 300 Jahren. Das sind über fünf Meter pro Jahrhundert! Auf die Menschen, die am Rand des Meeres lebten, musste dies erschreckend gewirkt haben. Sie sahen nicht nur, wie das Wasser anstieg, sondern waren auch Zeugen der radikalen Veränderungen, die dieser Anstieg an den Flussmündungen, den Salzsümpfen und der küstennahen Landwirtschaft ihrer Region anrichtete. Nach und nach würde das Meer ganze Dörfer verschlungen haben. Diese Menschen blickten einer der größten uns bekannten natürlichen Gefahren ins Auge; einer Gefahr, die durchaus in der Lage wäre, auch unsere heutige Zivilisation in ihrer Existenz zu bedrohen.

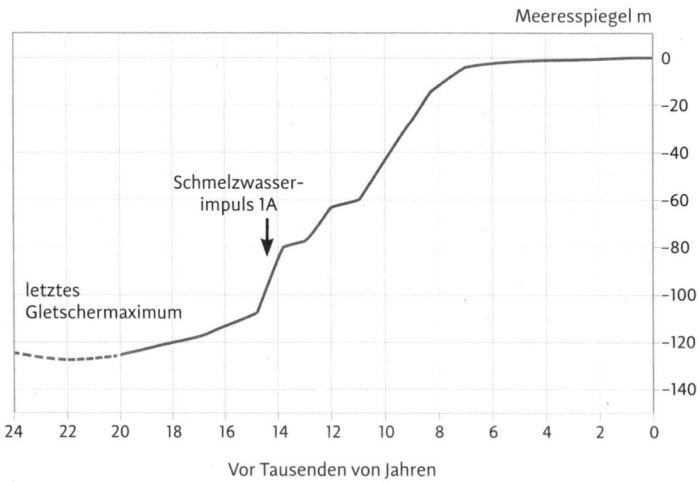

13 Nacheiszeitlicher Meeresspiegelanstieg: Zwischen 15.000 und 8.000 Jahren vor heute stiegen die Meere um bis zu 4 bis 5 Meter pro Jahrhundert an.

Last, not least: die Bedrohung durch Sturmfluten

Unabhängig davon, ob wir uns mit den Ergebnissen der konservativen IPCC-Modelle trösten wollen (maximal 1 Meter bis zum Jahr 2100) oder ob uns das Meer schon bald mit Raten von 5 Metern pro Jahrhundert förmlich überspült: was wir auf jeden Fall mit einrechnen müssen, sind die Effekte von Sturmfluten, angetrieben durch immer mehr und immer heftigere Stürme, die eine sich erwärmende Atmosphäre mit sich bringt.

Steigende Meere kann man sich als andauernde Flut vorstellen, die langsam, aber unerbittlich aufläuft, ohne ihre Richtung wieder umzukehren, wie das normalerweise bei Ebbe der Fall ist. Eine weitere Erscheinungsform steigender Meeresspiegel, die Sturmflut, wirkt anders: sie kommt schnell, entwickelt in kurzer Zeit ihr Zerstörungspotenzial und geht danach wieder, so wie sie gekommen ist.

Eine Sturmflut kommt zustande, wenn (Stark)Winde riesige Wassermassen vor sich hertreiben und gegen die Küste schieben, wodurch sich ungewöhnlich hohe Wellen aufbauen (und sich deshalb besonders schnell ins Land hinein bewegen können). Eine Schätzung besagt, dass rund vier Prozent der Weltbevölkerung und damit rund 300 Millionen Menschen in Regionen leben, die von den neuen Sturmfluten extrem betroffen sein werden (Gebiete, die tiefer liegen als das, was sogenannte Jahrtausendstürme bislang erreichen konnten).[14] Der Klimatologe Neville Nicholls (der mehr als jeder andere dafür getan hat, die Auswirkungen des Meeresspiegelanstiegs auf die Welt in der Gegenwart und der nahen Zukunft aufzuzeigen) berechnete bereits 1990, dass im Schnitt zehn Millionen Menschen pro Jahr von Sturmflutereignissen betroffen sind.[15] Es ist nicht schwer sich auszumalen, dass diese »Gleichung«, angesichts gestiegener Meere und Bevölkerungszahlen in den küstennahen Metropolen, heute nicht mehr gilt. Es sind aber nicht nur die Menschen, die bedroht sind; Sturmfluten können auch landwirtschaftlich genutzte Flächen überspülen und Infrastrukturen, wie Straßen und Bahnstrecken, zerstören.

Über die jeweilige »Verwundbarkeit« und das daraus resultierende Risiko entscheidet – neben der Bevölkerungsdichte der Küstenregionen – die Geografie. Erwartungsgemäß sind die kleinen, tief liegenden Inseln der Karibik sowie des Indischen und Pazifischen Ozeans am stärksten gefährdet. Auf den Kontinenten sind es die Küsten der Niederlande und des südlichen Mittelmeers, West- und Ostafrikas sowie Süd- und Südostasiens, allen voran das Land um den Golf von Bengalen. Für genauere Aussagen muss die spezifische

14 Blick auf das von Hurrikan Katrina verwüstete und überflutete New Orleans.

Topografie des Meeresbodens berücksichtigt werden sowie die Küstengeografie. Treibt ein Sturm während einer Springflut Wasser in eine trichterförmige Meeresbucht mit flach ansteigendem Hinterland, können gewaltige Flächen überflutet werden.

Wenn wir uns die Frage stellen, was wirtschaftlicher ist – der Kampf gegen die Fluten oder die Aufgabe unserer Städte und Siedlungen – müssen wir Sturmfluten als Faktor einkalkulieren. Derart unregelmäßig auftretende Ereignisse machen andere Planungen nötig als das im Gezeitenturnus wiederkehrende Hochwasser oder ein gleichmäßig ansteigender Meeresspiegel. Hier muss man wirklich genau hinschauen, denn staatliches Planen bzw. »Risikomanagement« basiert auf Wahrscheinlichkeiten und ist häufig nichts anderes als »geduldetes Glücksspiel«. Es nährt sich aus der Hoffnung, dass jede Konstruktion, jedes Ingenieurbauwerk nicht mehr aushalten muss als Stürme mit einer definierten Stärke und Auftrittshäufigkeit. Aber Mutter Natur lässt nicht mit sich spielen: Ein Kategorie-5-Hurrikan wie Katrina war schon 2005 nicht durch Schutzdämme für Wirbelstürme der Kategorie 3 aufzuhalten. New Orleans spekulierte – und verlor.

Spekulatives Engineering dieser Art mag sich bisher ausgezahlt haben. Doch die ruhigen Zeiten des Holozäns sind allem Anschein nach vorbei, unsere neue Welt ist zunehmend unberechenbar geworden.

KAPITEL 2

Das steigende Kohlendioxid

Athabasca-Region, Kanada, 2035 n. Chr., Kohlendioxid bei 450 ppm.

Es scheint, als sei kein Ort gegen die Ozeane der Vergangenheit gefeit gewesen. Selbst diese Gegend hatten sie geprägt, östlich der Rockies, wo sich die weite kanadische Prärie noch unendlicher anfühlt als weiter südlich in den Great Plains. In jedem Flussbett fanden sich Gesteine, die überall die gleiche Geschichte erzählten – dass diese Gegend vor langer Zeit einmal unter Wasser lag. Selbst wenn man beim Anstieg des Meeresspiegels den Extremfall annähme – die rund 65 Meter, die eintreten, wenn das Eis der Antarktis und Grönlands komplett abschmilzt –, bliebe diese Prärie trockenes Land. Aber es war genau dieser Ort, in diesem Teil von Kanada, der es vielleicht mehr als jeder andere auf der Welt in der Macht hatte, ein derart katastrophales Abschmelzen herbeizuführen. Athabasca war eine heiß umstrittene Gegend; mit ihren reichen Ölsandlagerstätten hatte sie sich im Jahr 2035 zum weltweit größten Kohlendioxidproduzenten entwickelt.

Von Calgary in Alberta aus durchquerte die Straße nach Athabasca eine Prärie aus einjährigen, unablässig im Wind wogenden Gräsern, eine Landschaft, in der es aufgrund ihrer Lage in relativ hohen nördlichen Breiten früher überwiegend kalt war. Nun aber war die Region deutlich wärmer geworden und hatte als Anbaugebiet für Weizen und anderes Getreide deutlich an Wert gewonnen. Auch weiter nördlich hatte sich die Landschaft verändert; wo früher vereinzelte, dahin kümmernde Kiefern wuchsen, entwickelten sich nun zahlreiche kleine Bäume, die in den länger werdenden Sommern bestens gediehen. Weiter nördlich folgten Bäche, Tümpel, Seen und schließlich mächtige Flüsse, die nach Norden abflossen und sich breit und stattlich auf ihren Weg in das Arktische Meer begaben. Von Mai bis Ende Oktober verdunkelten Moskitos den Himmel. Einst war diese Region Teil des ausgedehnten borealen Nadelwalds gewesen, der von Strauchkiefern und Schwarzfichten dominiert wurde; nun aber erlebte sie, wie sich im Zuge des Klimawandels neue Baumarten auf den Weg nach Norden machten. Jetzt konnten sich auch Laubbäume behaupten.

Das Land zu durchqueren, war extrem schwierig, wegen des hier anstehenden Muskeg, eines feuchten, moorig-sumpfigen Bodens, in dem sich Nutzvieh oder ein unachtsamer Jäger leicht das Bein brechen konnte. Die Wildnis war überall spürbar: Flüsse und Seen wiesen Schwärme arktischer Äschen auf, mit ihren segelähnlichen Rückenflossen, während Fischotter nach Schalentieren Ausschau hielten und Grünwaldsänger zwischen den Bäumen hin und her flitzten. Mit etwas Geschick konnte man sogar eine gefährdete Art entdecken – den Schreikranich etwa, dessen gewaltige Flügel beim Abheben ein gedämpftes, aber hörbares Brausen erzeugen – während das Waldkaribu vorsichtig aus dem dunklen Dickicht des Waldes heraus zuschaute. All dies war Beleg dafür, dass die im Lauf des 20. Jahrhunderts in die Wege geleiteten Schutzmaßnahmen tatsächlich etwas bewirkt hatten. Seit sich das Eis der letzten Kaltzeit endgültig Richtung Norden zurückgezogen hatte und eine von Schottern und Moränen geprägte Hügellandschaft zurückließ, hatte sich die Region dem holozänen Klima angepasst, um sich in der neuen Wärme weiter zu entwickeln. Es war eine schöne Gegend, ein reiches Land, dafür geschaffen, neue wärmeliebende Arten auf immer besseren Böden gedeihen zu lassen.

Näherte man sich hingegen der Athabascaregion, wurde alles anders. Bald sah die Landschaft überhaupt nicht mehr wie ein grünes Paradies aus, sondern verwandelte sich in die Kopie einer Mondlandschaft. Die Pflanzen waren verschwunden; Sand, Dreck und Gestein lagen in ungeordneten Haufen wild durcheinander. Sogar Krater gab es hier in Form riesiger, von Menschen geschaffenen Absetzbecken. Alles hatte sich hier verändert: selbst der über weite Flächen anstehende, feinkörnige und hell gefärbte Sandstein, der sich an den

15 Zerstörte Landschaft: In der kanadischen Athabascaregion werden besonders klima- wie umweltschädlich Ölsande abgebaut. Umweltschützer sprechen vom »größten Umweltverbrechen in der Geschichte« des Landes.

Flussufern zeigte, wurde zunehmend ersetzt durch dunkles Gestein, das sich fettig anfühlte und nach Öl roch, sobald man es aufbrach. Dieser sogenannte Teersand war durchtränkt von ergiebigen Mengen an bituminösen Kohlenwasserstoffen. Über einer Fläche von mehr als 140.000 Quadratkilometern konnte man dieses Gestein an oder direkt unter der Erdoberfläche finden. Zusammengenommen stellten die Ölsandlager von Athabasca das zweitgrößte Ölvorkommen auf der Erde dar; sie wurden nur von den sagenhaft reichen Lagerstätten Saudi-Arabiens übertroffen. Im Jahr 2035 war dieser Teil Kanadas wie in den vorangegangenen Jahrzehnten vom Ölfieber beherrscht. Und wie bei jedem Goldrausch bestimmte auch hier der Traum vom Reichtum Rechtsprechung und Kultur. Die indigenen Völker, die hier seit 10.000 Jahren lebten und denen das Land gehörte, fanden sich inmitten eines Guerillakrieges wieder.

Im Norden von Athabasca entstand ein neuer giftiger Abwassersee, ohne jedes Leben (außer Mikroorganismen) und seines Namens nicht würdig (obwohl ihn die Einheimischen Lake Harper getauft hatten, nach dem Staatschef, der dafür gesorgt hatte, dass Kanadas lange geübte Praxis der Umweltfürsorge für den Schatz von Athabasca aufgegeben wurde). Der See dehnte sich immer weiter aus und enthielt schließlich mehr Wasser als der kleinste der amerikanischen Großen See, Lake Erie.

Schon im Jahr 2009 bemerkten die Ärzte, die sich um die First People kümmerten, bei ihren Patienten eine alarmierende Zahl von seltenen Krebs- und Autoimmunerkrankungen.[1] Im Jahr 2020 hatte sich dieses Phänomen so stark verbreitet, dass die Populationen unter enormen Stress gerieten. Stress verursacht erbliche epigenetische Veränderungen, wie ich in meinem Buch, *Lamarck's Revenge*, nachgewiesen habe.[2] Die Fälle einer Verschlechterung des Gesundheitszustands und einer Zunahme von Krebs waren angesichts der kleinen Bevölkerungsgruppe zu zahlreich, als dass man sie hätte ignorieren können. Bereits 2009 fand man im Fleisch von Elchen, die in der Nähe der Absetzbecken lebten, Arsenkonzentrationen, die die erlaubten Höchstwerte um das 500-Fache überstiegen. Die Auswirkungen der Ölerschließung auf Gesundheit und Umwelt erregten Wut und Aufruhr unter den Indigenen. Die Lubicon First Nations stoppten den Bau der Gateway-Pipeline, über die verdünntes Bitumen von Athabasca zu einem Marineterminal in Kitimat hätte gelangen sollen, um es von dort über Tanker weiter nach Asien zu transportieren.[3] 2020 hatten die Gemeinden von Fort Chipewyan und Fort McKay mit der aktiven Sabotage der Erdölfelder begonnen und Beschäftigte der Erdölfirmen entführt. Im Jahr 2035 wurde die kanadische Armee endlich eingesetzt, wofür sie da war: Sie durfte verteidigen – und zwar die Ölsandlagerstätten.

Die Erschließung dieser reichen Vorräte wurde nun schon seit Jahrzehnten betrieben. Gewaltige Bulldozer räumten die dünne Schicht Gletscherschutt zur Seite, danach schoben weitere große Geräte den Ölsand zusammen und luden ihn in die Lastwagen. Athabascas Syncrude-Mine genoss die zweifelhafte Ehre, die größte Mine der Welt zu sein. Während anderswo die Ölfelder nach und nach leergepumpt wurden, hatte Kanada mit seinen Ölsanden noch einen Trumpf im Ärmel.

Für die Umwandlung des rohen Gesteins in verwertbares Erdöl brauchte man Energie. So wie die Alten erkannten, dass man Geld brauchte, um Geld zu machen, waren hier ungeheure Mengen Energie nötig, um das flüssige Gold zu gewinnen; denn etwas anderes ist Erdöl nicht. Fass für Fass verwandelte sich der Ölsand in Öl. Die zweite unverzichtbare Zutat für den Abbau dieses Materials war Wasser. Wasser, um die Ölsande in Öl umzuwandeln, aber noch erheblich mehr Wasser, um den Giftgehalt des Abwassers zu senken, das in dieser Form keinesfalls ins Grundwasser gelangen durfte. Man musste es reinigen und isolieren. Die Nebenprodukte des Abbaus konzentrierten sich in den Absetzbecken, in denen lediglich seltsame metall- und ölliebende Bakterien leben und gedeihen konnten.

All diese Aktivitäten ließen zwei unterschiedliche Produkte in jeweils riesigen Mengen entstehen. Das eine war eine aus Kohlenwasserstoffen bestehende Flüssigkeit, die brennt, wenn sie erhitzt wird: Heizöl oder Benzin. Das zweite war eine einfache chemische Verbindung eines Kohlenstoffatoms mit zwei Sauerstoffatomen: CO_2. In Athabasca kam das Gas wie überall auf der Welt aus dem Auspuff von Lastwagen und anderen Maschinen oder es entstand beim Kochen und Heizen in den Arbeiterunterkünften. Die größten Mengen entwichen allerdings aus den gigantischen Kaminen, die sich aus den riesigen Raffinerien erhoben, in denen der feste Ölschiefer in die gebrauchsfertige Flüssigkeit umgewandelt wurde. Diese Kamine waren sogar aus dem Weltall zu erkennen und verhalfen der Gegend zu einem zweifelhaften Rekord: An keinem Ort der Welt wurden mehr Treibhausgase produziert als hier.

Im Jahr 2035 gab es unzählige Hinweise darauf, dass sich das Ökosystem Erde spürbar änderte. Weite Gegenden in China, Südafrika und Südaustralien litten unter anhaltenden Dürren; die Pandemien, die in den 2020er-Jahren immer wieder ausbrachen, führten zu gesellschaftlichen Zerwürfnissen, die die Wiederherstellung funktionsfähiger Volkswirtschaften behinderten. Die gravierendste Veränderung war jedoch unsichtbar: Erstmals seit Millionen Jahren lag der Kohlendioxidgehalt der Luft wieder bei 450 ppm, und damit an einem Tipping Point, der in den ersten Jahren des 21. Jahrhunderts von vielen Forschern als solcher identifiziert wurde.[4] Die 2020er-Jahre waren die Ruhe vor dem Sturm gewesen, in denen immer mehr Menschen realisierten, dass die steigenden CO_2-Werte eine globale Gefahr darstellten. Denn im Jahr 2035 war alles so gekommen wie vorhergesagt: Die Anzahl und Heftigkeit der Hurrikane war gestiegen, Überschwemmungen erreichten neue Dimensionen, Berggletscher waren extrem weit zurückgeschmolzen oder ganz verschwunden. Ein Faktor spielte dabei noch gar keine signifikante Rolle und verschaffte den Klimaskeptikern ihre letzten großen Stunden:

Seit Beginn des Jahrhunderts war der Meeresspiegel lediglich um 100 bis 150 Millimeter gestiegen.

Doch sie waren ahnungslos, denn auch in den Meeren war bereits ein tiefgreifender Wandel im Gange.

Dem Kohlendioxid auf der Spur

Immer mehr Forschungsergebnisse zeigen, dass der anthropogene Klimawandel wohl schneller ablaufen wird als man das vor einigen Jahrzehnten noch für möglich gehalten hat.[5] In den letzten 100 Jahren stieg die globale Durchschnittstemperatur um etwa 0,85 Grad; die globale Erwärmung seit der letzten Eiszeit erfolgte in Raten von etwa 1 Grad Celsius – in 1.000 Jahren. Leben und Wirtschaften wir weiter wie bisher (»business as usual«), ergeben Prognosen eine Anstiegsgeschwindigkeit von 5 Grad Celsius in 100 Jahren. Die Arktis könnte sich dann um bis zu 8,5 Grad Celsius erwärmt haben. Die Folgen dieser Veränderungen sind massiv – warum aber kommen sie überhaupt, und noch dazu so schnell?

Die meisten Expertinnen und Experten sind sich einig, dass die zukünftige (und die aktuelle) Erwärmung vor allem im Anstieg von Kohlendioxid begründet liegt. Fast alle Wissenschaftler sind der Meinung, dass menschliche Aktivitäten die Ursache für den Anstieg der CO_2-Werte sind, wenn auch einige wenige an dem Glauben festhalten, sie seien das Ergebnis natürlicher Zyklen und wir müssten nichts unternehmen, um die Emissionen in Grenzen zu halten. Die Leugner der globalen Erwärmung behaupten – ohne überzeugende Belege –, der Anstieg der globalen Temperatur sei die Folge von Schwankungen der Solarstrahlung oder von Veränderungen der Sonnenaktivität. In diesem Kapitel werde ich zeigen, dass steigende

Temperaturen – und entsprechend auch der Anstieg des Meeresspiegels – tatsächlich eine Folge des Kohlendioxidanstiegs sind.

Dafür konzentriere ich mich auf die Erdatmosphäre, aber nicht allein auf die heutige. So wie uns die erdgeschichtlichen Daten unschätzbare Informationen zu den Veränderungen der Meeresspiegel der Vergangenheit liefern, werden wir auch ein besseres Verständnis der Treibhausgase entwickeln, wenn wir ihre geologische Tiefenzeit untersuchen. Wir werden viel über die Gründe erfahren, warum das CO_2 unseren Planeten aufheizt und die Meere zum Steigen bringt.

Die Vergangenheit erzählt uns viel über die Gegenwart – sie kann uns aber auch viel über die Zukunft erzählen. Das Szenario eines CO_2-speienden Kanada, das in naher Zukunft die gesamte Welt erwärmt, gehört keineswegs ins Reich der Phantasie. Athabasca ist ein Ort, der mehr als irgendein anderer dazu beiträgt, unser Himmelsgewölbe aufzuheizen und dafür zu sorgen, dass die Ozeane unser Land verschlucken. Aber es handelt sich dabei nur um eine menschliche Aktivität unter vielen anderen, die nie dagewesene Kohlendioxidmengen in die Atmosphäre einleitet und das empfindliche Gleichgewicht von Erde, Meer und Himmel zerstört.

Ist Kohlendioxid ein Schurke? Dieses vergleichsweise seltene Molekül scheint sich nun unter die schlimmsten Buhmänner der Menschheit eingereiht zu haben, ob real oder eingebildet. Aber diesen schlechten Ruf hat es noch nicht lange: noch vor 20 Jahren war CO_2 für die meisten Menschen ein unbedeutendes Gas unter vielen. Man betrachtete es nicht als einen wesentlichen Faktor in der Klimadynamik, und ganz sicher nicht als schädlich für die Atmosphäre. Wie sich die Dinge geändert haben! Nun plötzlich scheint es der zentrale Akteur in einem Drama zu sein, das schon seit langer Zeit gespielt wird, im Drama des Klimawandels.

Der gesamte Kohlenstoff, den man heute auf, in und über der Erde findet, wurde in irgendeinem uralten Stern gebildet, irgendwo in den dichten Schmelzöfen, die im Inneren bestimmter Sterne brannten. Als unser Sonnensystem aus dem frühen Nebel hervortrat, formten sich die inneren Planeten aus schwereren Elementen, während die Planeten jenseits des Marsorbits nur wenig davon abbekamen und zu gigantischen Gasriesen wurden. Dass es auf der Erde so viel Kohlenstoff und Wasser gibt, zeugt von den großen Materialmengen aus dem äußeren Sonnensystem, die von Kometen und Asteroiden Richtung Sonne transportiert wurden, wobei der größte Teil auf die verschiedenen Monde und Planeten im Bereich des Quartetts um Merkur und Mars niederstürzte. Als die Erde endlich Gestalt annahm und abkühlte, sah sie sich bedeckt von Ozeanen und einer dicken Atmosphäre aus Stickstoff, Kohlendioxid und Wasserdampf.

Der Kohlenstoff, den das Kohlendioxid enthielt, war nicht die ganze Zeit gasförmig geblieben. Er bewegte sich zwischen verschiedenen »Reservoiren«, den Ozeanen, der festen Erde zu unseren Füßen und der lebenden Materie, und manifestierte sich in flüssigem, festem oder gasförmigem Zustand. Während Kohlendioxid von Anfang an auf der Erde vorhanden war, ist es äußerst zweifelhaft, dass CO_2-Moleküle, die heute in unserer Atmosphäre schweben, schon immer Teil unseres Planeten waren.

Die erste, im engeren Sinne wissenschaftliche Betrachtung des schwer fassbaren gasförmigen Zustands des Kohlendioxids wurde im Jahr 1754 von Joseph Black, einem angeblich sehr hartnäckigen Schotten, angestellt. Indem er Kalkstein in eine schwache Säure legte und die Gasblasen, die aus dem Stein zischten, sorgfältig auffing, bevor sie sich in der Luft verteilten, fand Black heraus, dass dieses Gas nicht brennbar war. Ferner stellte er fest, dass es dichter (das heißt bei gleichem Volumen schwerer) war als Luft. Blacks wichtigster Beitrag aber bestand im Nachweis, dass es sich bei Kohlendioxid um das Gas handelte, das Tiere beim Atmen ausstießen. Black, ein praktizierender Arzt, wollte wissen, wie Atmen und Stoffwechsel beim Menschen funktionierten.

Für den Anfang war das sehr gut, aber es gab noch andere Eigenschaften des Gases, die es zu entdecken galt. Zentral war die Erkenntnis, dass Kohlendioxid, wenn es entsprechend konzentriert ist, auf Menschen giftig, ja tödlich wirkt. 2020 enthält unsere Atmosphäre Kohlendioxid in einer Konzentration von knapp 420 ppm. Würde diese Zahl auf 1.000 oder gar 5.000 bis 10.000 ppm steigen, würden wir uns tatsächlich in urzeitlichen Verhältnissen wiederfinden. Würde das CO_2 um eine weitere Größenordnung steigen (auf einen Anteil von zehn Volumenprozent), würden Tiere innerhalb von Stunden bewusstlos werden und sterben. Einen solchen Tod mussten mehr als 1.800 Menschen erleiden, die 1986 an den Ufern des Lake Nyos in Kamerun lebten. Der See selbst ist ein überfluteter Vulkankrater. Über Jahre hatten vulkanische Kräfte unter dem See Gase ausgestoßen, darunter große Mengen CO_2, die sich sofort im Wasser lösten. Irgendwann aber konnte das Wasser kein weiteres CO_2 mehr aufnehmen – und weil der See das Gas nicht nach und nach entließ, sondern mit einem Rülpser eine riesige Blase CO_2 auf einmal ausstieß, nahm das Unheil seinen Lauf. Da Kohlendioxid schwerer ist als Luft, bewegte sich die Wolke schleichend am Ufer entlang, hüllte Menschen und Tiere ein und löschte ihr Leben still und leise aus.

Der Treibhauseffekt der Natur

Das Kohlendioxid in der Atmosphäre ist unverzichtbar für das Leben, wie wir es kennen – auch wenn ein zu hoher Anteil des Gases eben dieses Leben, das es selbst hervorbringt, ersticken kann. Die primäre Eigenschaft von Kohlendioxid ist seine Fähigkeit, Wärme und Infrarotstrahlung zurückzuhalten. Das ist der berühmte Treibhauseffekt, obwohl diese Bezeichnung, wie wir sehen werden, nicht präzise beschreibt, was das CO_2 tatsächlich in der Atmosphäre bewirkt. Kein atmosphärisches Gas agiert wirklich so wie Fensterscheiben in einem echten Treibhaus (oder überhaupt in einem Haus). Der eigentliche

Prozess verläuft ähnlich, aber doch anders, wobei der Unterschied fein, aber wesentlich ist. Der Begriff hat sich mit der Errichtung der ersten gläsernen Treibhäuser für Pflanzen in die Welt geschlichen.

Die ersten Gewächshäuser, die mit dem erklärten Ziel erbaut wurden, Pflanzenwachstum zu befördern, entstanden im 19. Jahrhundert in Italien. Die Italiener erwiesen sich als Nutznießer eines weiteren technischen Durchbruchs – erstmals kam Glas auf den Markt, das man sich leisten konnte. Jedem, der an einem kalten, aber sonnigen Tag ein Glashaus betrat, fiel sofort die Wärme im Innern auf. Zur Zeit des Naturwissenschaftlers John Tyndall gab es Gewächshäuser in allen Größen, von klein bis groß, und mit groß meine ich in der Tat von eindrucksvollem Ausmaß. Im 17. Jahrhundert experimentierte man in Europa viel mit der Konstruktion von Glashäusern. Allmählich konnten hochwertigere Gläser hergestellt werden und die Konstruktionstechnik verbesserte sich ebenfalls. Das Glashaus beim Schloss von Versailles war ein Beispiel für Größe und Sorgfalt der Ausführung. Es maß mehr als 150 Meter in der Länge, 18 Meter in der Breite und 15 Meter in der Höhe. Das größte aller Glashäuser aber war der Londoner Kristallpalast. Im Jahr 1851 erbaut, war er fast 200 Meter lang, wies eine Innenhöhe von 33 Metern auf und glänzte mit allen möglichen interessanten Ausstellungen und Neuheiten, so zum Beispiel der ersten dreidimensionalen Wiedergabe von Dinosauriern (wie kauernde Eidechsen dargestellt), die eben erst entdeckt worden waren.

Während die Zahl der Glashäuser für die Aufzucht tropischer Pflanzen im kalten feuchten England rasant anstieg – von kleinen Konstruktionen zum Hausgebrauch bis zu durchscheinenden Schlössern in der Größe von Warenhäusern –, erlebten die Naturforscher aus erster Hand, wie die Leistung der Sonne mithilfe von Glas verstärkt werden konnte: durch die blendend hellen Lichtstrahlen selbst wie auch durch die Luft, die sich innerhalb der Gewächshäuser infolge von Konvektion erwärmte. Die riesigen Gewächshäuser vor Augen kamen die Wissenschaftler schnell zu der Erkenntnis, dass einige der weniger häufigen Gase der Atmosphäre eine wichtige Rolle in Bezug auf das Klima spielten. Während der Ausdruck »Treibhauseffekt« erst 1896 vom schwedischen Wissenschaftler Svante Arrhenius geprägt wurde, war bereits 50 Jahre zuvor allgemein akzeptiert, dass sich die Erwärmung durch die Einwirkung von Spurengasen vollzog.

Ein Treibhaus ist allerdings eine irreführende Metapher, wenn es darum geht, die Rolle von CO_2 und anderer Gase in unserer Atmosphäre zu beschreiben. Kohlendioxid, Methan und Wasserdampf (zusammen mit einigen anderen Gasen von noch geringerer Konzentration) verursachen Erwärmung auf ganz andere Weise als dies innerhalb eines gläsernen Gewächshauses geschieht. Nichtsdestotrotz war nun die Idee in der Welt, dass Gas ebenso wie Glas einen abgeschlossenen Raum (in diesem Fall die untere Atmosphäre auf dem gesamten Planeten) aufheizen konnte. Die Vorstellung, dass einige Gase Wärme innerhalb der Atmosphäre einschließen und wie eine Art natürliches Treibhaus funktionieren könnten, datiert aus den 1820er-Jahren. Damals erkannte der große Naturforscher und Mathematiker Joseph Fourier, dass Energie in Form von sichtbarem Sonnenlicht die Atmosphäre durchdringt, um auf die Erdoberfläche zu treffen und diese zu erwärmen, dass diese Energie (nun in Wärme umgewandelt) aber nicht genauso leicht wieder in den Weltraum entweichen kann. Die von der Erdoberfläche aufsteigende Wärme wird beim Versuch, zurück ins All zu gelangen, von der Luft selbst absorbiert. Der Prozess lässt sich mit einem Einwegspiegel für sichtbares Licht vergleichen – in die eine Richtung passiert das Licht wie durch ein Fenster, in der Gegenrichtung aber prallt es wie an einem Spiegel ab. Die Gleichungen und Daten, die den Wissenschaftlern des 19. Jahrhunderts zur Verfügung standen, reichten bei Weitem nicht aus, um exakte Berechnungen durchzuführen. Aber mit den Mitteln der Physik ließ sich klar und eindeutig belegen, dass ein luftfreier Gesteinsbrocken planetaren Ausmaßes angesichts der großen Entfernung der Sonne, um vieles kälter sein müsste, als er es aktuell ist.

Selbst als der große Mathematiker, der er war (die Fourier-Transformation wird in der Statistik bis heute verwendet), war Fourier nicht in der Lage, diejenigen Gleichungen abzuleiten, die es ihm erlaubt hätten, Modelle für den Treibhauseffekt zu erstellen (mit seinen Experimenten hatte er noch weniger Erfolg). Es vergingen fast vierzig Jahre, bevor John Tyndall in den 1860er-Jahren mit Experimenten zeigen konnte, dass der Treibhauseffekt durch mehrere Gase (zusätzlich zu Kohlendioxid) hervorgerufen wurde, darunter Methan und Wasserdampf. Tyndall machte allerdings einen entscheidenden Fehler: Er dachte, diese Gase funktionierten wie eine einzelne Glasscheibe (auch er stand unter dem Einfluss der wachsenden Zahl von Gewächshäusern aus Glas und Eisen, die seinerzeit in Europa und Amerika so beliebt waren).

Der Erwärmungsprozess der Erde läuft nach denselben physikalischen Gesetzmäßigkeiten ab, die bereits Fourier erkannte. Doch das Glas eines Treibhauses wirkt tatsächlich wie eine einzelne Decke, die die erwärmte Luft im Innern hält. Die Atmosphäre hingegen ist unendlich komplexer. Wollen wir verstehen, was in unserer Atmosphäre geschieht, müssen wir die Treibhaus-Analogie komplexer interpretieren und uns mehrere Luftschichten vorstellen, eine Vielzahl elektrischer Heizdecken in einem warmen Bett mit viel Luft dazwischen. Der Treibhauseffekt mag eine Metapher mit nur bedingter wissenschaftlicher Autorität sein, aber wir können sie verwenden, wenn wir berücksichtigen, dass der Prozess, den er beschreibt, das Ergebnis vieler beteiligter Faktoren ist.

Kohlendioxid hält nicht nur den Planeten für Tiere und höher entwickelte Pflanzen ausreichend warm; es ist auch die Hauptquelle des lebensnotwendigen Kohlenstoffs. Das allein ist faszinierend, doch was ich als Wissenschaftler wirklich überraschend finde, ist,

16 Vulkane, hier der Bromo in Indonesien, sind die bedeutendste natürliche Quelle für Kohlendioxid.

dass CO_2 beides mit vergleichsweise wenigen Molekülen erreicht. Könnten wir wahllos 1.000 Gasmoleküle aus der Atmosphäre entnehmen, erhielten wir höchstwahrscheinlich 790 Stickstoff- und 210 Sauerstoffmoleküle (bei einem solchen Experiment würden sich Abweichungen ergeben, aber wenn man eine ausreichende Anzahl davon durchführte, würden diese Werte überwiegen). Was sich in unserer Stichprobe höchstwahrscheinlich überhaupt nicht finden lassen würde, das sind Treibhausgase! Während wir Stickstoff und Sauerstoff in Teilen pro Hundert messen, messen wir Kohlendioxid in Teilen pro Million. Und dennoch schafft es jedes einzelne Molekül, die Erde zu erwärmen: Ohne CO_2 wäre die Oberfläche unseres Planeten zu kalt für nahezu jede Art tierischen wie pflanzlichen Lebens – und die Pflanzen hätten nicht den Sauerstoff produziert, den wir atmen. Ohne die Treibhausgase (dazu zählen neben CO_2 vor allem Wasserdampf und Methan) beträge die globale Durchschnittstemperatur minus 18 Grad Celsius (statt der tatsächlichen 15 Grad) und es wäre kalt genug, um die Ozeane einfrieren zu lassen.

Doch bei all seiner wohltätigen Wirkung kann mehr als »ein bisschen« CO_2 bereits zu viel des Guten sein. Mit diesem Molekül lassen sich große Gefahren in Verbindung bringen, größere als eine, die aus einem mit CO_2-gesättigten See aufsteigt. Steigende Kohlendioxidwerte könnten eine schnelle globale Erwärmung auslösen und damit einhergehenden Sauerstoffverlust in den Ozeanen. Ich nenne diese Perspektive »Greenhouse Extinction« und werde in einem späteren Kapitel näher darauf eingehen.

Kohlendioxid in der Erdgeschichte

Seit der Herausbildung der Erde vor rund 4,6 Milliarden Jahren verfügte unser Planet über Kohlendioxid als einen wesentlichen Bestandteil der Atmosphäre. Das Niveau dieses Gases variierte im Lauf der Zeit – eine Varianz, die wichtige und weitreichende Auswirkungen auf die Biosphäre und die Evolution hatte. Die wichtigste Folge der CO_2-Abweichungen beruht auf dem natürlichen Treibhauseffekt: In Perioden vergleichsweise höherer CO_2-Werte ist die Erde wärmer als in Zeiten mit niedrigeren Werten.

Während man Kohlendioxid in der Atmosphäre unserer Tage ganz leicht messen kann, hat es sich als schwierig erwiesen, die CO_2-Werte zu bestimmen, die in der Urzeit herrschten. Wir können zwar direkte Messungen an Fossilien vornehmen und vom Anteil an Kohlenstoffisotopen innerhalb des Materials extrapolieren, aber fast alles, was wir über CO_2-Werte in der fernen Vergangenheit als gegeben annehmen, stammt aus mathematischer Modellierung (erst dank der Auswertung von Eisbohrkernen wissen wir über die CO_2-Konzentrationen der letzten rund 800.000 Jahre relativ gut Bescheid). Mittlerweile liegen zu zahlreichen Zeitabschnitten der Erdgeschichte äußerst präzise Schätzungen zu den damaligen CO_2-Werten vor.

So könnten im ausgehenden Perm kurzfristig Werte von 4.000 bis über 7.000 ppm[6] erreicht worden sein, während die Erde im Karbon bei Werten von annähernd 100 ppm möglicherweise kurz vor einer nahezu kompletten Vereisung stand, wie sie während der Snowball-Phasen im Präkambrium eventuell mehrmals auftraten. Leider existiert keine Grafik, die alle aktuellen Erkenntnisse berücksichtigt; an der Gesamtaussage – in den letzten rund 550 Millionen Jahren fielen die CO_2-Werte mit starken Schwankungen von etwa 5.000 ppm auf 300 ppm (vgl. folgende Abbildung) – ändert dies allerdings nichts. Meine eigenen Arbeiten zu vorzeitlichen Massensterben zeigen eine offensichtliche Relation zwischen hohen bzw. kurzfristig stark ansteigenden CO_2-Konzentrationen und Artentod. Und noch ein Befund tritt immer wieder deutlich hervor: Perioden mit hohen Kohlendioxidwerten waren immer auch Perioden mit erhöhtem Meeresspiegel, Perioden, in denen es *kein* Eis gab.

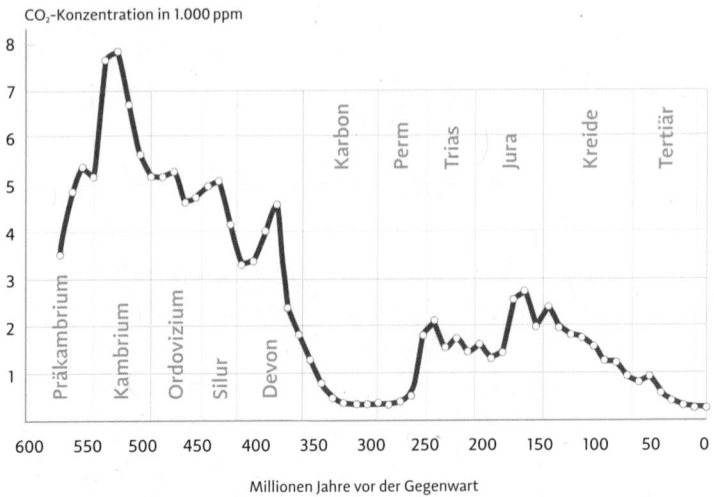

17 Historische CO_2-Pegel: Mit teils deutlichen Schwankungen gingen die Werte für Kohlendioxid in den letzten rund 550 Millionen Jahren stetig zurück.

Wäre es nur Zufall, dass hohe Kohlendioxidwerte die Massensterben und die hohen Meeresspiegel der Vergangenheit begleiten, könnte alles noch gut ausgehen. Wenn allerdings – wie ich in meinem 2007 erschienenen Buch *Under a Green Sky* dargelegt habe – hohe Kohlendioxidwerte eine globale Erwärmung verursachen, die sich so schnell vollzieht, dass sie Arten auslöscht, dann wird die Menschheit Zeuge eines Massensterbens sein. Wie bald das eintreffen wird, ist die nächste drängende Frage. Wird es in den nächsten tausend Jahren geschehen oder in hundert Jahren oder schon in ein paar Jahrzehnten? Selbst wenn wir in naher Zukunft ein Massensterben vermeiden können: Eine Welt mit einem Kohlendioxidgehalt von 1.000 ppm wird eine deutlich andere Welt sein, als wir sie kennen.

Eisschilde und Eiskappen sind seit etwa 35 Millionen Jahren Teil unseres planetaren Ökosystems und damit wohl seit einer Zeit, als die CO_2-Werte die 750-ppm-Marke unterschritten.[7] Bei Werten darüber (wie sie in den ersten 30 Millionen Jahren des Känozoikums vorherrschend waren) geht man von einer weitgehend eisfreien Erde aus. Mit Beginn der antarktischen Vereisung fielen die Werte weiter, erreichten im Miozän 450 bis 400 ppm und im anschließenden Pliozän 350 bis 300 ppm (bei Temperaturen, die um 4 bzw. 2 Grad Celsius über dem vorindustriellen Wert lagen[8]), um im pleistozänen Eiszeitalter zwischen 200 und 300 ppm hin und her zu pendeln.

Dann aber vollzog sich ein Wandel. Die Werte begannen zu steigen, und sie tun es heute noch. Wie hoch und wie schnell werden sie steigen? Die extremsten Schätzungen gehen dahin, dass wir schon im Jahr 2100 einen CO_2-Wert von 800 bis 1.000 ppm erreichen könnten, womit wir wieder Werte wie im frühen Känozoikum erreicht hätten. Das könnte der letzte Stopp sein, bevor eine Kette von Mechanismen zu umfassenden Veränderungen in den Ozeanen führt, die für das auf Sauerstoff angewiesene Leben alles andere als günstig sind.

Das Klimarätsel der urzeitlichen Treibhauswelten

Wir befinden uns mit Sicherheit nicht in einer Kaltzeit, als große Bereiche der Kontinente selbst bis in mittlere Breitengrade (wie etwa bis zu den Großen Seen Nordamerikas oder bis zum Harz oder vor die Tore Münchens) von mächtigen Eismassen bedeckt waren und der Meeresspiegel mehr als 100 Meter tiefer lag. Wir erleben aber auch nicht das, was man ein »vollständiges« Treibhausklima nennen könnte, in dem kontinentales Eis – falls es Eis und Schnee überhaupt gibt – nur die nördlichsten Breitengrade bedeckt (und die Meere entsprechend um 100 oder mehr Meter höher stehen als heute). Diese beiden sehr dramatischen Erscheinungsformen des Klimas an den beiden Enden der Skala können uns allerdings interessante Hinweise darauf geben, was unsere Welt in der Zukunft erwartet.

Meine eigene Zeit als Wissenschaftler wurde bestimmt durch meine Forschung über die Kreidezeit – die Zeitspanne von vor 145 Millionen bis 66 Millionen Jahren. Als dritter Zeitabschnitt innerhalb der Ära des Erdmittelalters (oder Mesozoikums) begann die Kreidezeit wenig spektakulär. Anders als viele geologische Einheiten war ihr Beginn nicht durch ein großes Massensterben gekennzeichnet, sondern durch ein eher unbedeutendes Ereignis, das auf dem Land kaum und im Meer nur durch minimale Veränderungen der damaligen Meeresfauna spürbar war: Ein paar Tausend Arten verschwanden (nicht Millionen, wie bei einem größeren Massensterben). Das Ende der Kreidezeit war allerdings unübertroffen spektakulär – mit dem Einschlag eines großen Asteroiden auf der Halbinsel Yucatan wurden 75 Prozent aller Arten vernichtet, einschließlich der Dinosaurier, die heute Kultstatus haben.

Die Kreidezeit lässt sich am besten als ein immerwährender langer Sommer beschreiben. Sie kann mit einigen der höchsten Meeresspiegelanstiege der geologischen Geschichte aufwarten, was bedeutete, dass die kontinentalen Eisdecken zurückgegangen, ganz verschwunden waren oder/und die Ozeanbecken kleiner wurden, weil die mittelozeanischen Rücken sehr aktiv waren und damit große Volumina einnahmen. Jedenfalls war die damalige Erde ein warmer Ort, vielleicht zu warm für Eis jeder Art. Es war so warm, dass man von einem »Hothouse«, einem Treibhausklima, spricht – eine sehr besondere und eigenartige Periode der Vergangenheit. Etwas Ähnliches gab es zuletzt vielleicht nur in einer kurzen Zeit des frühen Eozän (zwischen etwa 56 und 47 Millionen Jahren). Ist das das Klima, in das wir uns zurückbewegen – in ein Klima mit Temperaturen in der Arktis, die kein dauerhaftes Eis zuließen, auch kein Meereis? In der Gegend, die wir heute Hudson Bay nennen, tummelten sich damals Krokodile (was ebenfalls darauf hinweist, dass es vielleicht überhaupt kein Eis gab). Es sieht sogar so aus, als sei auch der Südkontinent Antarktika eisfrei gewesen. Warum diese Zeit für uns interessant ist, liegt an ihren hohen atmosphärischen Kohlendioxidwerten (mutmaßlich zwischen 1.000 bis 2.000 ppm) – Werte, die unsere Welt vielleicht irgendwann einmal wieder erleben wird, wenn sich die gegenwärtigen Steigungsraten über Jahrhunderte fortsetzen.

Wie also sah dieses Klima aus? Diese Frage war für Klimatologen von großem Interesse und vor nicht allzu langer Zeit Gegenstand einer lebhaften Debatte. Bislang hatten Klimawissenschaftler angenommen, dass die tropischen Regionen in der Kreidezeit und im Eozän nicht viel wärmer waren als heute (wobei sie davon ausgingen, dass unsere Tropen schon den Höhepunkt der Erwärmung erreicht haben). Daten zu Karbonaten aus der Kreidezeit und dem Eozän – die auf ihre urzeitlichen Temperaturen hin untersucht wurden, indem man das Mengenverhältnis zweier Sauerstoffisotope verglich – können einen Wert für diejenige Temperatur liefern, bei der der urzeitliche Kalk zu Stein geworden war. Diese Methode zeigte, dass die Oberflächentemperaturen der Ozeane in diesen urzeitlichen Supertreibhauswelten nicht höher waren als heute – 30 Grad Celsius. Neuere

18   Im Eozän herrschten letztmals tropische Klimaverhältnisse in Mitteleuropa. Vor 48 Millionen Jahren könnte es im Raum der berühmten Fossillagerstätte Messel bei Frankfurt wie an einem Altarm des Amazonas ausgesehen haben.

Daten sagen allerdings etwas anderes. Gesteine, die nicht sekundär verformt, erhitzt oder auf andere Weise beeinträchtigt waren, lassen auf Temperaturen von bis zu 35 Grad Celsius schließen. Das ist ziemlich warmes Wasser – so warm, dass die Korallen unserer Zeit wohl kaum lange überlebt hätten. Die mit ihnen in Symbiose lebenden Algen hätten sich in kühlere Bereiche zurückgezogen und hätten das Korallentier in einem weißen oder transparenten Zustand zurückgelassen und etwas verursacht, was man Korallenbleiche nennt.

Was bedeutet diese Information? Anscheinend gibt es tatsächlich zwei Klimazustände – eine Erde *ohne* Eis, und eine Erde *mit* Eis. Seit etwa 35 Millionen Jahren befinden wir uns in einem Zeitalter *mit* Eis. Hätte man den Planeten sich selbst überlassen, neigte sich die aktuelle Zwischeneiszeit namens Holozän schon ihrem Ende zu und die nächste Kaltzeit stünde vor der Tür. Es ist durchaus möglich, dass das CO_2 einen Wert von 1.000 ppm nicht so schnell wieder erreicht hätte bzw. bei maximal 300 ppm geblieben wäre (und das so lange, bis die Plattentektonik dafür gesorgt hätte, eine komplett andere Kontinent-Ozean-Verteilung zu erzeugen). Aber nun hat der Mensch begonnen, diese Geschichte zu ändern. Er hat etwas angestoßen, aber die Kontrolle darüber verloren. Klimawandel und Meeresspiegelanstieg liegen wie ein riesiger Felsbrocken auf dem Gipfel eines steilen Berges. Anthropogene, das heißt von Menschen generierte Gase, haben den Felsen bereits destabilisiert. Die Temperatur wird kurzfristig um zwei bis drei Grad steigen, und der Meeresspiegel wird sich um einen Meter heben. Mit etwas Glück – und einer ungeheuren Anstrengung der Menschheit bei der Reduktion der Treibhausgase – bleibt der Fels vielleicht liegen. Bislang allerdings gibt es wenig Hinweise darauf, dass es den Menschen gelingt, die Treibhausgasemissionen zu verlangsamen oder gar umzukehren. Unsere größte Sorge sollte aber nicht sein, dass der Fels keinen großen Schub mehr nötig hat, sondern dass man ihn kaum stoppen kann, wenn er erst einmal ins Rollen geraten ist.

Aus der jüngeren Vergangenheit lernen

Durch sorgfältige Analysen von Eisbohrkernen können wir das Kohlendioxid in der Atmosphäre der letzten knappen Million Jahre sehr präzise nachverfolgen, indem wir winzige, im Eis eingeschlossene Gasblasen analysieren. Die Bohrkerne wurden aus den kontinentalen Eisschilden in Grönland und der Antarktis entnommen. Einer der wichtigsten frühen Bohrkerne, der Vostok-Bohrkern aus der Antarktis, hat eine sehr detaillierte Geschichte der Zusammensetzung der Erdatmosphäre der letzten 420.000 Jahre geliefert. Daraus ergibt sich, dass der Kohlendioxidgehalt zwischen einem Minimum von 180 ppm und einem Maximum von 280 ppm schwankte. Über gut zwei Millionen Jahre gingen die Kohlendioxidwerte (und die von Methan ebenso) nach oben und nach unten, und entsprechend schwankten auch die globalen Temperaturen. In Zeiten mit niedrigem CO_2 dehnten sich Gletscher und Eisschilde aus und die Erde schlitterte in eine Kaltzeit.

Bis um das Jahr 1800 herum hielt sich unser Planet in diesem Rahmen, aber dann begannen die Werte zu steigen. Um 1900 betrug der Wert für CO_2 bereits 295 ppm, was einem Anstieg von 15 ppm in einem Jahrhundert entspricht. Aber das war nur die Aufwärmphase. Von 1900 bis 2000 stiegen die CO_2-Werte von 295 ppm auf 385 ppm – ein Anstieg von 90 ppm in 100 Jahren. Der Anstieg wird sich fortsetzen, wenn Chinesen und Inder Europäern und Amerikanern nacheifern und zwei Autos in ihren Garagen stehen haben und ihre neuen Häuser mit Gas und Öl beheizen. Selbst wenn die Kohlendioxidwerte im Lauf dieses Jahrhunderts in Summe »nur« um weitere 90 ppm anstiegen, wären wir im Jahr 2100 bei 475 ppm angelangt. Verwendeten wir für unsere Berechnung nur die Steigerungsrate der letzten 50 Jahre, also seit 1970, wäre zu erwarten, dass die CO_2-Werte im Jahr 2100 etwa 520 ppm erreichen.

Viele Klimatologen verwerfen allerdings selbst dieses Szenario als zu moderat, denn die Anstiegsrate des Kohlendioxids beschleunigt sich nachweislich. Im Jahr 2013 stiegen die Werte erstmals dauerhaft auf 400 ppm, 2020 sind wir (fast) bei 420 ppm. 20 ppm in 7 Jahren – Sie können selbst ausrechnen, wo wir bei diesem Trend zur nächsten Jahrhundertwende stehen werden (650 ppm) oder im Jahr 2200 (über 900).

Kohlendioxid und die Versauerung der Ozeane

Treibhausgase lassen nicht nur die Eiskappen schmelzen, sie sind tatsächlich toxisch. Kohlendioxid kann unmittelbar töten, Methan ebenso. Ein weiterer tödlicher Folgeprozess ist Versauerung. Um ihn zu verstehen, müssen wir einen kurzen Abstecher in die Chemie der Meere machen.

Kohlendioxid ist an Reaktionen mit vielen anderen Molekülen beteiligt. Einige dieser Reaktionen haben mit der Aufrechterhaltung der Säure- und Basenwerte des Ozeans zu tun. Bicarbonat (oder Hydrogencarbonat, HCO_3^-) und CO_2 (bzw. physikalisch gelöst als »Kohlensäure«) bilden einen Teil des chemischen Puffersystems, das einen relativ neutralen pH-Wert der Ozeane aufrechterhält. Steigt das atmosphärische CO_2, löst sich mehr davon in den Ozeanen und es kommt zur Bildung von »Wasserstoffionen« oder zusätzlicher Azidität. Die Konzentration dieser H^+-Ionen lassen sich mit einem einfachen pH-Meter messen. Ein geringer Anstieg stellt für Organismen noch keine Gefahr dar, aber »irgendwann« wird es schlichtweg zu sauer. Steigende Säurewerte sind vor allem für Organismen, die kalkhaltige Schalen produzieren, etwa Korallen oder eine Phytoplanktongruppe, die man Coccolithophoriden nennt, gefährlich. Und dann ist es wie

19 Steigende Meerestemperaturen führen dazu, dass Korallen ihren photosynthetisch aktiven »Lebenspartner« abstoßen; die Korallen bleichen aus und sterben in der Regel ab.

mit dem CO_2 der Luft: Eine solche Änderung des pH-Werts würde Tausende Jahre fortbestehen. Da sich der aktuelle Kohlendioxidanstieg schneller vollzieht als unter den natürlichen Bedingungen der Vergangenheit, werden die Meere mutmaßlich stärker versauern, als das zumindest in den letzten 800.000 Jahren der Fall war.

Wenn die CO_2-Werte in der Atmosphäre über Jahrmillionen teils deutlich höher waren als heute, bedeutet das dann auch, dass die Ozeane saurer waren? Zumindest für die letzten 100 Millionen Jahre war dies wahrscheinlich nicht der Fall. Wenn es große Mengen kohlensauren Kalks in oberen Meeresbereichen gibt (etwa wenn kalkproduzierende Organismen wie die Coccolithophoriden oder Foraminiferen eine Blüte erleben), bezeichnet man den Ozean als »gepuffert«: Trotz hoher CO_2-Werte wird die Neutralität aufrechterhalten. Aber Puffern braucht Zeit, und das ist der wichtigste Unterschied, wenn man die Auswirkungen des heutigen CO_2-Anstiegs mit irgendeinem Zeitpunkt in der Vergangenheit vergleicht. Bei langsamen natürlichen Veränderungsprozessen hat das Kohlenstoffsystem in den Ozeanen Zeit, mit Sedimenten zu interagieren, und bleibt in einer Art Gleichgewichtszustand. Beginnen die tiefen Ozeane saurer zu werden, lösen sich Karbonate in den Sedimenten und halten den pH-Wert stabil. Was der Mensch heute hingegen anrichtet, ist bislang ohne Beispiel – und überfordert das Puffersystem der Natur. Die Meere versauern.

Zukünftige CO_2-Werte und »zugehörige« Temperaturen

»Prognosen sind schwierig, besonders wenn sie die Zukunft betreffen«. Dieses Bonmot trifft natürlich auch für Klimamodelle zu. In den letzten Jahrzehnten sind die Modelle aufgrund besserer Datenlage und größerer Rechnerkapazitäten immer genauer geworden. Unablässig liefern sie neue Einsichten, die glaubwürdig sind, weil sie an

Werten der Vergangenheit »geeicht« und überprüft werden können. Aktuell wissen wir, dass ein Anstieg der CO_2-Konzentrationen von 280 ppm (Beginn der Industriellen Revolution) auf 410 ppm (2017) zu einem globalen Temperaturanstieg von 1 Grad Celsius geführt hat. Mit diesem Wert lassen sich Klimamodelle kalibrieren, mit denen man künftige Temperaturanstiege prognostizieren kann, die mit dem Anstieg der Treibhausgaskonzentration verknüpft sind.

Entscheidend ist, welche »Forcings«, welche Parameter, die das Klima in eine bestimmte Richtung »zwingen«, man wie stark berücksichtigt. Diese Forcings, etwa die Schwankung der Sonneneinstrahlung, Vulkanausbrüche, wechselnde Albedo und wechselnde Treibhausgaswerte in der Atmosphäre, wirken »von außerhalb« des Klimasystems auf dieses ein und das System reagiert auf diese Kräfte, indem es bei einer neuen Temperatur ein neues Gleichgewicht herstellt. Die Geschwindigkeit, mit der sich das Klima als Reaktion auf den Antrieb ändert, hängt von vielen Faktoren ab, etwa wie gut der Ozean Wärme speichern kann.

Gerade hier ergeben sich große Unsicherheiten. Wie ist es aktuell um die Fähigkeit der Ozeane bestellt, CO_2 weiterhin aufzunehmen und so der Atmosphäre zu entziehen? Derzeit sind die Ozeane noch unsere besten Freunde, weil sie das CO_2-Problem für uns lösen. Aber wie wir gesehen haben, ist der Preis hoch, weil saure Meere den für viele Organismen lebensnotwendigen Prozess der Kalkbildung beeinträchtigen. Da kaltes Wasser mehr CO_2 (und Sauerstoff) absorbiert als wärmeres Wasser, wird die globale Erwärmung der Meere die Wirksamkeit dieser Senke weiter reduzieren. Eine zweite »Blackbox« befindet sich im Permafrost und in der Tiefsee, wo erhebliche Mengen an Methan gebunden sind (im Meer in sogenannten Clathraten bzw. Methanhydraten). Methan (CH_4) ist ein noch wirkmächtigeres Treibhausgas als CO_2 und es besteht die Gefahr, dass steigende Temperaturen diese derzeit noch inaktiven Formen von Methan freisetzen.

20 Methan ist in seiner Wirkung rund 25-mal klimaschädlicher als CO_2. An der Oberfläche kalter Seen zeigen sich manchmal gefrorene Methangasblasen. Die größte Methanquelle sind Reisfelder, die größten Vorkommen schlummern in den Ozeanen und im Permafrost.

Da sich der Wärmehaushalt der Erde durch vielfältige Interaktionen und Rückkopplungen innerhalb des Klimasystems sehr kompliziert gestaltet, gibt es kein lineares Verhältnis zwischen dem CO_2-Anstieg und der globalen Temperatur. Lange Zeit gingen Klimatologen von einem Erwärmungspotenzial durch Kohlendioxid von 1,5 bis 4,5 Grad aus (häufig wurde mit dem Mittelwert von 3 Grad gerechnet). Neue Ergebnisse deuten allerdings darauf hin, dass dieses Intervall eher zwischen 4 und 6 Grad Celsius liegt.[9] Diese Spannen sind ein Maß für die sogenannte Klimasensitivität, die den Grad der Klimaerwärmung bei einer Verdopplung der CO_2-Konzentration beschreibt. Bezugspunkt ist das vorindustrielle Zeitalter mit seinen 280 ppm. Verdoppelten sich die CO_2-Werte also auf 560 ppm, müssten wir mit einer Temperaturerhöhung um 3 (Mittelwert alte Annahme) bzw. 5

(neue Erkenntnisse) Grad rechnen. Aktuell erwartet der renommierte Klimaforscher Ralph Keeling, dass wir die 450-ppm-Marke um 2035 und die 500-ppm-Grenze um 2065 überschreiten werden. Wenn das eintritt, kann es nicht mehr lange dauern, bis wir bei 560 ppm sind, und dann wird es abermals um 2 bis 4 Grad wärmer sein als heute (ein Grad Erwärmung liegt bereits hinter uns) – es sei denn, es gelingt uns, die Emissionen drastisch zu reduzieren.

Tatsächlich haben sich die nationalen Regierungen auf zahlreichen Konferenzen um eine Reduktion der Emissionen der Treibhausgase gekümmert. Am 12. Dezember 2015 wurde das Pariser Abkommen beschlossen (ein historischer Schritt verglichen mit dem Kyoto-Protokoll von 1997 bzw. 2005, bei dem nur einige Industriestaaten dazu verpflichtet wurden, ihre Emissionen zu senken). Die Erderwärmung soll demnach »auf deutlich unter zwei Grad Celsius, idealerweise auf 1,5 Grad begrenzt werden«. Diese Obergrenzen sind damit erstmals in einem völkerrechtlichen Vertrag verankert.[10]

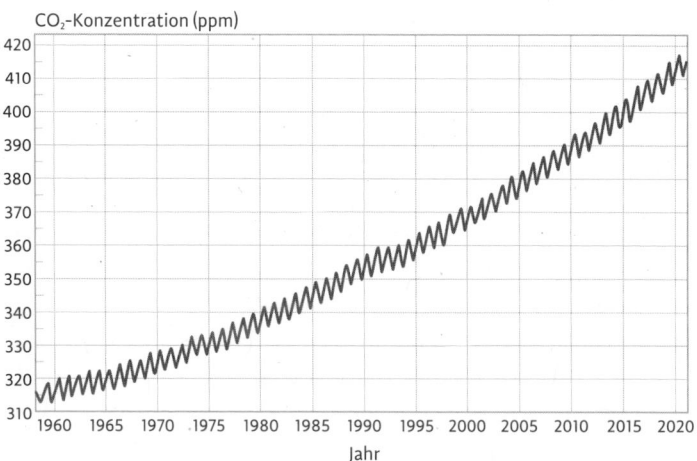

21 Entwicklung der Kohlendioxid-Konzentration am Mauna-Loa-Oberservatorium in Hawaii von 1960 bis heute (Februar 2021).

Was den guten Absichten bislang allerdings entgegenwirkt, ist die kontinuierliche Industrialisierung der Erde, insbesondere das aktuelle Wachstum von Indien und China. Beide Länder benötigen riesige Mengen zusätzlicher Energie und greifen verstärkt auf billige Kohle zurück. Führend bei den CO_2-Emissionen war 2018 China (mit 11,3 Mrd. Tonnen und einem Anteil von knapp 30 Prozent), gefolgt von den Vereinigten Staaten, der EU, Indien und Russland.[11] Unter den Top 10 konnten nur Deutschland und Russland ihre Emissionen gegenüber 1990 senken (wobei der Zusammenbruch der dortigen Planwirtschaften hier eine größere Rolle spielt).

Der Weltenergieverbrauch ist eine der primären Ursachen für anthropogene Kohlendioxidemissionen. Ob diese Emissionen steigen oder fallen, hängt von der Weltwirtschaft ab wie vom Erhalt und der Schaffung von Kohlenstoffsenken durch geeignete Maßnahmen. Die Ansicht, die Zukunft des Klimas liege in den Händen Chinas und Indiens, mag in gewisser Weise richtig sein, doch Nordamerika und Europa aus der Verantwortung zu nehmen, wäre falsch, sind diese beiden Regionen doch für über 55 Prozent der kumulativen CO_2-Emissionen, angehäuft in den Jahren 1900 bis 2004, verantwortlich (China für gerade einmal 9 Prozent).[12]

Wie viel ist »zu viel CO_2«?

Wenn wir uns der Realität stellen, dass Treibhausgase unsere Atmosphäre und unser Weltklima von Grund auf verändern, müssen wir fragen, ob es Werte gibt, ab denen positive Rückkopplungen ausgelöst werden, die den Anstieg noch weiter antreiben. Bei welcher Temperatur (oder welchem Wert für CO_2) die verschiedenartigen, potenziell katastrophalen Ereignisse eintreten werden, ist umstritten – und wird es wegen der Komplexität des Klimasystems auch bleiben, zumal die Berechnung zusätzlich dadurch erschwert wird, dass das Klima träge ist und erst mit Verzögerung auf seine »Treiber« reagiert.

Der Weltklimarat ging vor knapp 20 Jahren noch davon aus, dass das Erreichen von Kipppunkten erst bei einer Erwärmung von mehr als 5 Grad wahrscheinlich sei; James Hansen nannte 2008 einen CO_2-Wert von 350 ppm, der nicht dauerhaft überschritten werden dürfe, wolle man das 2-Grad-Ziel noch erreichen und ein Kippen des globalen Klimasystems verhindern.[13] Makiko Sato vom Earth Institute of the University of Columbia sprach davon, »dass CO_2-Werte über 450 ppm mit ziemlicher Sicherheit gefährlich sind«.

»Im Topf« wären indes genug fossile Energieträger, um die Konzentration auf maximal 1.600 ppm steigen zu lassen. Dieser Wert würde eintreten, wenn wir alle gegenwärtig bekannten Ressourcen komplett verbrennen würden; die Temperaturen wären dann je nach Klimasensitivität um 4 bis 10 Grad höher als heute. Angesichts der Tatsache, dass ein Kollektiv der renommiertesten Klimaforscher jüngst zu dem Schluss kam, dass erste Kipppunkte bereits ab einer Erwärmung zwischen 1 und 2 Grad überschritten werden könnten, zöge dies ernsthafte Konsequenzen nach sich: Bei 1 bis 3 Grad wird mit einem Absterben fast aller Korallenriffe gerechnet, mit einem Verschwinden der Gebirgsgletscher und der sommerlichen arktischen Meereisbedeckung – sowie dem Abschmelzen des grönländischen und westantarktischen Eisschildes.[14]

KAPITEL 3

Zu viele Menschen?

El Kef, Tunesien, 2050 n. Chr., Kohlendioxid bei 500 ppm

Der Gebetsruf riss den alten Geologen aus seinem unruhigen Schlaf. Im Hotelzimmer hing noch die Dunkelheit kurz vor Anbruch der Morgendämmerung. Ein keuchender Toyota Pickup röhrte mit stinkendem Auspuff an dem heruntergekommenen Hotel vorbei. Auf dem Dach hatte er Lautsprecher, um den schrillen Ruf zu verstärken. Sie sahen aus wie uralte Megaphone und sandten ihre blecherne Botschaft in jedes Haus, von den großen Villen bis zu den bescheidenen Hütten am Stadtrand – Zeit für das erste Gebet.

Er wälzte sich in dem knarzenden Bett herum, stöhnte erneut, als ihm einfiel, dass es in der undichten Dusche kein warmes Wasser gab, und zog sich im Halbdunkel an. Da er kein Muslim war, nahm er sich nicht die Moschee zum Ziel, sondern die gewaltigen weißen Hügel hinter der Stadt, ergiebige Abschnitte aus Kalkstein und Mergel, die die Geschichte der Tiefenzeit in sich trugen, als diese ganze Region mindestens hundert Meter unter dem Meeresspiegel lag. Das geologische Profil erzählte von einem Massensterben, ausgelöst durch einen kurzfristigen Anstieg von Kohlendioxid, der auf unheimliche Weise dem ähnlich sah, der in seiner eigenen Zeit passierte. An diesem Punkt des 21. Jahrhunderts lag der atmosphärische Wert für CO_2 bei 500 ppm; das Massensterben, von dem das

Gestein Zeugnis ablegte, setzte wohl ein, als die CO_2-Werte **auf 1.100 ppm** hochschossen. Der Unterschied lag darin, dass das Massensterben der Vergangenheit auf Vulkane zurückzuführen war und nicht auf Volvos – oder auf andere Autos, Kraftwerke, Flugzeuge oder dergleichen.

Dieser Teil von Tunesien hatte die Verwestlichung nicht erlebt, welche die Hauptstadt Tunis, die größte Stadt des Landes, über Generationen zu einem Leuchtturm der Toleranz und Modernisierung an der gesamten Nordküste von Afrika gemacht hatte. Hier sah es in vieler Hinsicht noch aus wie im Mittelalter, und dem Geologen brannte immer noch die Haut nach dem gestrigen Termin im Türkischen Bad, das seinen Namen nicht wirklich verdiente – eine Steinhöhle, in der dichter Dampf und tausend Jahre Männerschweiß die alten Steine mit einem muffigen Geruch getränkt hatten. Nach dem rustikalen Durchkneten hatte der muskelbepackte Masseur seine Haut mit Bimsstein abgeschabt. Für die meisten anderen Badenden war dies die wöchentliche Reinigung des Körpers, die die mehrmals täglich vollzogene Reinigung der Seele in der alten Moschee begleitete. Während die Zahl der Gläubigen weiterhin anschwoll, entwickelte sich der Islam immer mehr in die konservative Richtung, was in nicht geringem Maße der Dürre geschuldet war, die ganz Nordafrika wie auch den Mittleren Osten im Griff hatte. Während das Land in einer Dekade des Durstes dahinwelkte, der härtesten seit Menschengedenken, blieb den Menschen nichts als die Hoffnung, dass Gott irgendwann eingreifen werde.

Das Frühstück bestand aus Brot und starkem Kaffee, und er steckte Datteln, Oliven und zwei zusätzliche kleine Brotlaibe für das Mittagessen in seinen Rucksack – Lebensmittel, die die Menschen hier ein Vermögen kosten würden. Wie immer setzte er sich so weit wie möglich vom Hotelfenster weg. Die hungrigen Massen auf der Straße, die sich auf einem der wenigen Plätze drängten, an dem den Leuten aus dem Westen jeden Tag Essen zur Verfügung stand, belasteten ihn so sehr, dass er es nicht mehr wie in den ersten Tagen fertigbrachte, einfach nur Nein zu sagen oder aber sein gesamtes Essen zu verschenken. Hier in Nordafrika war der Hunger sichtbar. Tunesien, einst die Kornkammer des Römischen Reiches und selbst noch im späten 20. Jahrhundert ohne Weiteres in der Lage, sich selbst zu ernähren, litt ebenso Hunger wie die anderen Staaten mit großen Wasserproblemen, Algerien, Marokko, Libyen und Ägypten. Nur die Freigiebigkeit der nach wie vor reichen Ölscheichtümer verhinderte eine Verschlimmerung der Situation. Wider Erwarten ging es den Hungerländern von früher – Äthiopien, Sudan und Tschad – nicht so schlecht wie den anderen. Die endlosen Stammesfehden und Glaubenskriege hatten nachgelassen, als neuer Regen, perverserweise durch neue atmosphärische Windmuster ausgelöst, Korn und Nutzvieh in die bis dahin wüsten Länder brachte, die südlich der Mittelmeerstaaten lagen. Der nördliche Rand von Afrika verfügte nach wie vor über keine Industrie, die es der stark wachsenden Bevölkerung erlaubt hätte, sich Nahrung zu kaufen. Das Land konnte unmöglich Hunderte Millionen von Menschen ernähren. Viele fielen dem Hunger zum Opfer.

Der Geologe marschierte zu Fuß los, als die Sonne über dem Tal aufging. Auf dem Weg zur Arbeit durchquerte er zunächst die Stadt und wanderte dann bald durch hügeliges Land. Er war aber keineswegs in einer menschenleeren Gegend unterwegs. Die Hügel hoben sich aus vertrockneten Feldern, aus Ackerland, das bei seinen früheren Aufenthalten, am Ende des letzten Jahrhunderts, als er noch ein junger Mann war, grün und fruchtbar gewesen war. Jetzt war alles braun. Um die Felder herum standen die für diese Gegend charakteristischen kleinen Steinhäuser. Sie wurden jeweils durch einen einzigen Draht mit Elektrizität versorgt, die es hier seit etwa vierzig Jahren gab. Um die Häuser herum spielte in den frühen Morgenstunden eine ansehnliche Kinderschar, die jüngeren in Gruppen zusammen, die älteren Jungen streiften ebenfalls in kleinen Trupps herum. Als er das letzte Mal hier war, war er überrascht gewesen, wie viele Kinder es gab, und was er jetzt vor sich sah, waren ohne Zweifel deren Kinder, etwa vier Mal so viele wie damals.

Er machte sich nun an die Arbeit; es war eine langsame sorgfältige Tätigkeit, das Messen und Beschreiben des dicken weißen Kalksteins aus der Kreidezeit; immer wieder las er dabei das eine oder andere Fossil vom Boden auf. Wie immer war er bald von einer Kinderschar umringt. Manche wollten mit seinem Hammer auf den nächsten Felsen schlagen, andere wollten selber Maß nehmen. Bald waren mindestens fünfzig Jungen da, aber von den Mädchen war kein einziges zu sehen. Die Jungen hier kamen alle von den Hütten, die zwischen den Gebirgsausläufern lagen; in El Kef selbst gab es natürlich ebenfalls Kinder in großer Zahl. Dass sie so zahlreich waren, war nicht überraschend, denn in diesem Jahr hatte die Erde eine zweifelhafte Auszeichnung erworben – zum ersten Mal war sie Heimat von neun Milliarden Menschen geworden.

Mit Sicherheit hatte die nordafrikanische Küste ihren Teil dazu beigetragen, dass dieser Meilenstein erreicht wurde. Schließlich hatte Nordafrika die höchste Geburtenrate auf dem Planeten, und es gab wenig, was die Überbevölkerung eindämmte, wie das im subsaharischen Afrika immer noch durch verheerende Krankheiten geschah. Ein Minimum an Gesundheitsversorgung und die damit einhergehende Verringerung der Kindersterblichkeit hatten aus Tunesien und dem nahen Algerien und Marokko bevölkerungsreiche Länder gemacht. Nicht nur in Nordafrika herrschten die demografischen und medizinischen Bedingungen sowie die sozialen und religiösen Konventionen, die einen starken Bevölkerungszuwachs begünstigten. In vielen Gegenden des Globus schwollen die menschlichen Populationen an, während die wohlhabenderen Länder ein langsameres Bevölkerungswachstum aufwiesen, wenn nicht sogar – wie in Osteuropa, Deutschland und Japan – negatives Wachstum. Die Welle des Nationalismus in diesen Regionen hatte jedoch viele Grenzen gegen Immigration versperrt, die vorher für einen Teil der Bevölkerung in der Türkei und Nordafrika noch halbwegs offen waren. Nach dem Beispiel von Frankreich, England und Spanien hatte schließlich auch Deutschland seine Türen für Migranten geschlossen. Die Vereinigten Staaten hatten ihre eigenen Probleme. Ihr südlicher Teil wurde inzwischen dominiert von Nachfahren von Migranten aus Mexiko, die eine höhere Geburtenrate aufwiesen als ihre anglo-amerikanischen Nachbarn, was dazu führte, dass sich ethnische Spannungen verschärften – und die Bevölkerungszahl auf 500 Millionen Menschen anstieg. Als den Programmen für soziale Sicherheit und Gesundheitsversorgung die Mittel ausgegangen waren, sah die Nation einer dunklen Phase ihrer Geschichte entgegen.

Der alte Geologe versuchte die mutigeren Kinder freundlich auf Abstand zu halten, damit er weiterarbeiten konnte. Er hatte sich angewöhnt, mit seiner Feldarbeit früh anzufangen und rechtzeitig aufzuhören, bevor die glühende Mittagssonne jedes Arbeiten unmöglich machte. Bald würde er mit diesem Projekt fertig sein, und er spürte großen Kummer, dass er dieses Meer von Kindern hier zurücklassen musste, in einem Land ohne Hoffnung, ohne Wasser und ausreichende Nahrungsmittel, während die afrikanische Dürre anhielt. Er selbst war ein Fossil wie die, die er hier auflas: Die Erde brauchte keine Paläontologen mehr. Lernen um des Lernens willen war ein Luxus, den sich keine Gesellschaft mehr leisten konnte.

Der menschliche Faktor

Das letzte Kapitel hat gezeigt, dass das atmosphärische Kohlendioxid im Lauf der Zeit steigt und fällt, auch ohne das Zutun des Menschen. Der Grund ist der Austausch von Kohlenstoff mit der Biosphäre, der Atmosphäre, dem Ozean und – wenn man den zeitlichen Rahmen ganz weit steckt – auch mit der Lithosphäre, der äußersten Erdschicht, bestehend aus der steinigen Erdkruste (mit all ihren Ölreserven, der Kohle oder den Fossilien) und dem obersten Teil des Erdmantels. Tempo und Ausmaß dieses natürlichen Austauschs wird inzwischen komplett überlagert durch die Art und Weise, wie der Mensch Kohlenstoff aus der Erdkruste entnimmt und in atmosphärisches Kohlendioxid umwandelt. Ein gewichtiger Treiber dieses CO_2-Anstiegs ist die wachsende menschliche Bevölkerung. In diesem Kapitel werden wir einen kurzen Blick auf dieses Phänomen werfen – und auf seine unmittelbare Begleiterscheinung, die Tatsache nämlich, dass immer mehr Energie aus einer Verbindung umgewandelt wird, die mit Sauerstoff reagiert und zum Nebenprodukt Kohlendioxid »verbrennt«.

Es ist wichtig zu wissen, dass Menschen ihr Handeln ändern können, etwa die Nutzung fossiler Energieträger zugunsten erneuerbarer Quellen zurückzufahren (auch wenn dies bislang nicht in ausreichendem Maß geschieht). Genauso wichtig ist es aber zu begreifen, wie langlebig Kohlendioxid ist, wenn es sich erst einmal in der Atmosphäre befindet; seine Konzentration dort wird hoch bleiben, auch in absehbarer Zukunft. David Archer hat das in seinem Buch *The Long Thaw* folgendermaßen beschrieben: »Die Lebenszeit von fossilem CO_2 in der Atmosphäre beträgt ein paar Jahrhunderte, 25 Prozent davon bleiben im Wesentlichen für immer erhalten. (…) Entlassen wir fossiles CO_2 in die Atmosphäre, werden die Klimaauswirkungen länger anhalten als die Errichtung von Stonehenge zurückliegt, länger als das Zeitalter der menschlichen Zivilisation bisher.« Wir müssen uns also wirklich sehr genau anschauen, wel-

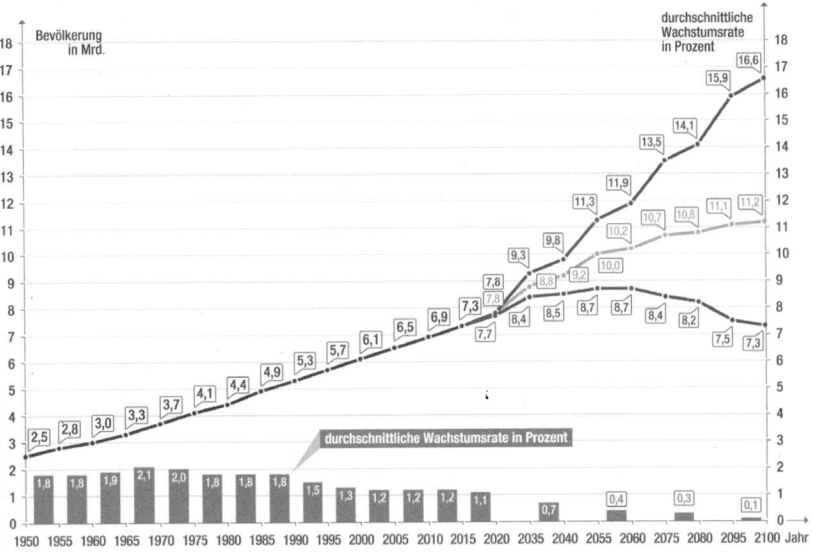

22 Entwicklung der Bevölkerungszahlen von 1950 bis heute und verschiedene Prognosen bis zum Jahr 2100.

che Folgen sich aus dem zahlenmäßigen Anschwellen der Spezies Mensch ergeben, denn immer mehr Menschen verbrauchen immer größere Mengen fossiler Brennstoffe und setzen immer größere Mengen Kohlendioxid frei.

Wenn ich Vorträge halte zu einem noch gar nicht so lange bekannten Phänomen der Tiefenzeit, das man am treffendsten als Greenhouse Extinction (»Treibhausaussterben«) bezeichnet, werde ich oft gefragt, inwieweit diese Forschungen für die Gegenwart und die nähere Zukunft von Bedeutung sind. Diese Frage lässt sich leicht beantworten: Was in der Vergangenheit geschah, kann wieder geschehen – und es wird wieder geschehen, wenn wir den Planeten mit der gleichen Geschwindigkeit aufheizen wie bisher.

Es werden aber auch andere Fragen gestellt, etwa: »Wenn die wachsende Anzahl an Menschen Auswirkungen auf die planetare Temperatur hat, warum versuchen wir dann nicht, diese Zahl wirksam zu reduzieren?« Interessanterweise kommt diese Frage meist von älteren Menschen, bei denen Paul Ehrlichs Buch von der »Bevölkerungsbombe« (*The Population Bomb* 1968) wie auch eine Gruppe, die sich Zero Population Growth nannte, einen festen Platz im kulturellen Gedächtnis fanden. Während die Frage nach einer Reduzierung der Bevölkerung in den 1970er-Jahren intensiv diskutiert wurde, scheint die Frage heute tabu zu sein, und dies, obwohl die stetig steigende Zahl der Menschen eng mit den stetig steigenden Werten für CO_2 korreliert.

Im Mai 2020 lebten jedenfalls etwa 7,8 Milliarden Menschen auf der Erde und damit knapp 4 Milliarden mehr als zur Zeit der Veröffentlichung der »Population Bomb«. Und auch wenn die Wachstumsrate seit 1962 (damals 2,2 Prozent) sinkt, ist das Bevölkerungswachstum ungebrochen. Schätzungen der Vereinten Nationen aus dem Jahre 2019 prognostizierten einen Anstieg auf 8,5 Milliarden

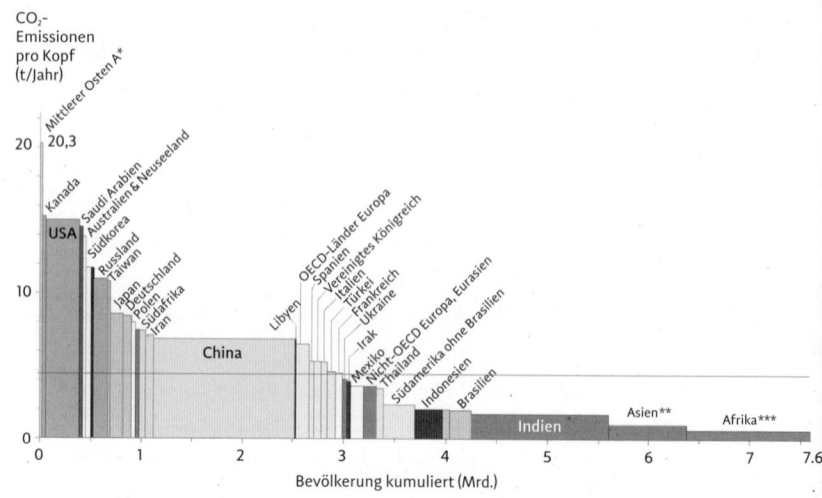

23 Gegenüberstellung von CO_2-Emissionen und Bevölkerungszahl (2018). Die jeweilige Fläche der Säule ist ein Maß für die Gesamtemissionen des/der jeweiligen Landes/Region. China, Indien und die USA sind die größten Emittenten. * Bahrain, Oman, Kuwait, Katar, VAR; ** ohne China, Indien, Thailand, Indonesien, Südkorea, Japan; *** ohne Südafrika, Libyen

Menschen bis 2030, auf 9,7 Milliarden bis 2050 und auf 10,9 Milliarden im Jahr 2100. Eine aktuelle Studie kommt zum Ergebnis, dass bis zum Ende des Jahrhunderts voraussichtlich 8,8 Milliarden Menschen auf der Erde leben werden und der höchste Wert im Jahr 2064 mit 9,7 Milliarden Menschen erreicht sein wird.[1]

9,7 Milliarden in knapp 25 Jahren oder 10,9 Milliarden um das Jahr 2100 (und kein Ende in Sicht)? Beide Prognosen sind wenig ermutigend; in Kürze werden wir noch einmal mehr Menschen auf der Erde sein: Es wird weitere zwei oder drei Milliarden Münder geben, die ernährt werden wollen, weitere zwei bis drei Milliarden, die (immer mehr) Energie verbrauchen.

Der Energiehunger

Eine unkontrollierte Bevölkerungsentwicklung dort, ein hemmungsloser Energieverbrauch da: In ihrem fatalen Zusammenwirken bringen beide Entwicklungen das Erdklima aus dem Takt. Der energiehungrige globale Norden kann es sich nicht erlauben, mit dem Finger auf den bevölkerungsreichen globalen Süden zu zeigen. Betrachtet man die weltweiten CO_2-Emissionen, ob pro Kopf oder in absoluten Zahlen, ist Afrika trotz seiner stark steigenden Bevölkerung (noch) kein relevanter Faktor. Selbst das Milliardenvolk Indiens (1,353 Mrd.) produziert weniger Emissionen als 330 Millionen US-Amerikaner. Besonders problematisch ist jedoch, dass bevölkerungsreiche Staaten längst begonnen haben, den verschwenderischen Lebensstil der Amerikaner und Europäer zu übernehmen. Doch wer will es den Milliarden von Menschen in China, Brasilien und Indien verübeln, wenn sie fortan nicht nur ein Hühnchen im Topf, sondern auch ein Auto vor der Tür haben wollen? Dabei wäre nichts anderes als eine entschlossene, weitreichende Energiewende gefragt, die alle Bereiche – den persönlichen, den unternehmerischen und den öffentlichen – einschließt, um

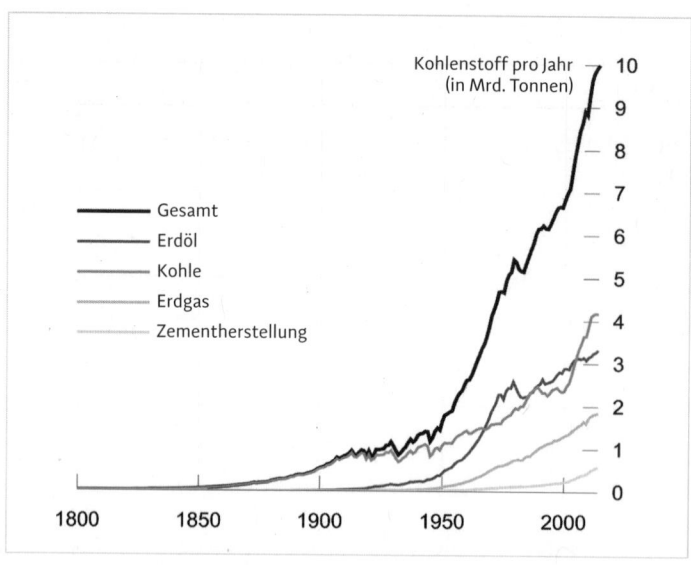

24 Entwicklung der globalen CO$_2$-Emissionen. Kohle hat Erdöl mittlerweile als bedeutendste Quelle für Kohlendioxid überholt.

einen weiteren verheerenden Zuwachs bei den atmosphärischen Emissionen abzuwenden.

Einmal angenommen, der Energieverbrauch bewegt sich weiterhin auf dem Pfad der letzten beiden Jahrzehnte, und ebenfalls angenommen, die Zahl der Menschen auf dem Planeten steigt weiterhin an, dann kann man sich die Folgen für die nähere Zukunft ausrechnen. Das amerikanische Amt für Energiestatistik EIA geht in seinen Berichten, den International Energy Outlooks, dem aktuellen und zukünftigen Energieverbrauch nach. 2013 betrug dieser weltweit 157.000 TWh; 134.000 TWh waren es im Jahr 2005; 118.000 TWh im Jahr 2000; 103.000 TWh im Jahr 1990. Erwartet wird, dass der Energiebedarf der industrialisierten Länder bis 2030 um 25 Prozent steigen wird, ausgehend von den Werten von 2005 – während sich der Energieverbrauch in den nichtindustrialisierten Ländern verdoppelt.

Die Nachfrage nach Energie wird dabei den prozentualen Anstieg der Bevölkerung übertreffen. Da der Verbrauch fossiler Energie CO_2 verursacht, werden die weltweiten Emissionen weiter ansteigen, von 28,1 Milliarden Tonnen (2005), auf 34,3 Milliarden Tonnen im Jahr 2015 und über 45 Milliarden Tonnen im Jahr 2030.

Die Covid-Krise wird 2020 zu einem Rückgang des Energiebedarfs um 5 Prozent führen; doch es wird erwartet, dass das Vorkrisenniveau schon bald wieder erreicht sein wird. Zwischen 2019 und 2030 wird der Bedarf vermutlich nur noch um 9 Prozent steigen. Da die Nachfrage in fortgeschrittenen Volkswirtschaften rückläufig ist, kommt der Anstieg vor allem von den großen Schwellenländern des globalen Südens.

Woher wird all diese Energie kommen? Gleichbleibenden Energiebedarf und gleichbleibende Nutzung unterstellt, schätzt die Internationale Energieagentur (IEA), dass die derzeit bekannten Reserven an Erdöl und Erdgas noch weitere 43 bzw. 66 Jahre reichen werden, die an Kohle circa 170 Jahre (die Bundesanstalt für Geowissenschaften und Rohstoffe kommt bei Kohle auf 279 Jahre). Wir haben also allen Grund, anzunehmen, dass die Welt in nächster Zeit weiter auf die Fossilen setzen wird (rund 85 Prozent der Energie stammen aus fossilen Energieträgern), vor allem auf Kohle und damit auf einen Energieträger, der extrem schmutzig und umweltbelastend ist: Das Schwarze Gold produziert nicht nur Unmengen Ruß, es ist auch die größte Quelle von Kohledioxid.

Von King Coal zu Clean Coal?

Der weltweite Kohleverbrauch lag 2019 bei knapp 160 Exajoule (1 EJ = 10^{18} J oder ca. 44.500 TWh)[2] und lieferte damit rund ein Viertel der weltweiten Energie. Kohle ist damit einer der großen Treiber des steigenden Energieverbrauchs, der der wachsenden Weltbevölkerung und dem zunehmenden Wohlstand vor allem in

Asien geschuldet ist. Aktuell ist China der weltgrößte Importeur von Kohle, sein Verbrauch hat sich seit dem Jahr 2000 nahezu verdoppelt. Über 50 Prozent des weltweiten Kohlebedarfs (2019) entfallen auf China, danach folgen Indien (12 Prozent) und die Vereinigten Staaten, obwohl dort (wie in Europa) der Kohleverbrauch sinkt.[3] Im globalen Süden verfügen über eine Milliarde Menschen über keinen Zugang zu Elektrizität; soll diese Anzahl reduziert werden, werden viele Länder auf Kohleverstromung setzen und den Kohleverbrauch weiter vorantreiben.

Kohle hat den Ruf, nahezu unerschöpflich zu sein – und scheint schon deshalb, weil es sie in so großer Menge gibt, das perfekte Material zu sein, um Energie für eine wachsende Weltbevölkerung zu liefern. Sechs Länder (die Vereinigten Staaten, Russland, Indien, China, Australien und Südafrika) verfügen über etwa 75 Prozent der weltweiten Kohlereserven.[4] China ist der weltweit größte Kohleproduzent. Wie groß die chinesischen Reserven sind, ist nur unzureichend bekannt – vielleicht weiß man es dort, hüllt sich aber aus Gründen der nationalen Sicherheit in Schweigen. Der Statistical Review of World Energy von 2006 kam zu der Einschätzung, dass China bei den aktuellen Produktionsraten noch über verbleibende Reserven für 55 Jahre verfügt. Die Vereinigten Staaten haben nachgewiesene Kohlereserven in einer Höhe angegeben, die zu den aktuellen Raten eine kontinuierliche Produktion über mehr als 200 Jahre erlauben würde. Allerdings sind die US-Reserven zum großen Teil von minderer Qualität und entsprechend niedrigem Energiegehalt. Dazu kommen hohe Schwefelgehalte, die im Zuge der Verbrennung in Form von (umwelt-)schädlichem Schwefeldioxid frei werden.

Basierend auf dem Energiegehalt werden verschiedene Sorten Kohle unterschieden. Die geringste Energiemenge enthält Lignit (Torf); danach folgen (verschiedene) Braunkohlen sowie Steinkohlen, Letztere mit mehreren Unterformen wie Flamm- und Fettkohlen sowie Anthrazit. In den USA werden Kohlen, die in ihren Eigenschaf-

25 Kohle ermöglicht den wirtschaftlichen Aufstieg bevölkerungsreicher Länder wie China und Indien. Immer öfter werden Kohlen mit geringem Energiegehalt (v. a. Braunkohlen) gefördert, oftmals im Tagebau.

ten zwischen Lignit und Anthrazit stehen, als »bituminös« (bei einem Kohlenstoffgehalt von 45 bis 86 Prozent) bzw. »subbituminös« (35 bis 45 Prozent) bezeichnet. Betrachtet man die Menge produzierter Kohle pro Minenarbeiter, so hat sich die Produktivität in den USA bis zum Jahr 2000 ständig verbessert, seitdem aber nachgelassen, was aufzeigt, dass leicht abbaubare Kohle allmählich knapp wird. Die Vereinigten Staaten haben ihr Produktionsmaximum bei Anthrazit (der energieintensivsten und mit Abstand seltensten Sorte) im Jahr 1950 überschritten, bei bituminösen Kohlen im Jahr 1990, wobei dies in Bezug auf die Tonnage durch die Förderung subbituminöser Kohlen mehr als ausgeglichen wurde.

Wie schon erwähnt, gilt Kohle von allen Brennstoffen als die größte Belastung für Umwelt und Klima. Noch immer gelten die

26 »Dirty Coal Money«: Protestaktion gegen schmutzige Kohle im australischen Brisbane.

Metropolen Chinas, allen voran Peking, als Hotspots von Smog und Luftverschmutzung, wofür die Verbrennung von Kohle die Hauptverantwortung trägt. Um die Belastung für die Bevölkerung zu minimieren, mussten immer wieder Fabriken vorübergehend geschlossen werden, wurde die Nutzung von Kohle für den Hausbrand untersagt oder ein partieller Baustopp für Kohlekraftwerke verhängt. Im Jahr 2012 lagen die Feinstaubwerte in Peking teils bei 1.000 Milligramm pro Kubikmeter Luft (der internationale Grenzwert liegt bei 30 mg/m³), 2015 starben in China etwa 1,8 Millionen Menschen an Luftverschmutzung.[5] Feinstaub und Schwefelemissionen sind aber nur die eine Seite der Medaille. Für das Klima gravierender sind die gewaltigen Emissionen von Kohlendioxid, weshalb sich Wissenschaftler vehement für einen weltweiten Kohleausstieg bis etwa 2030 einsetzen, um den Klimaschutzvertrag von

Paris zu erfüllen und die menschengemachte Erwärmung auf unter zwei Grad Celsius zu begrenzen.[6]

In Australien, dem weltweit größten Steinkohleexporteur, fordern prominente Stimmen immer lauter, aus der Kohleförderung auszusteigen. Doch Australien weist in mancher Hinsicht Merkmale eines typischen »Entwicklungslandes« auf: Es ist vom Export des Rohstoffs Kohle finanziell stark abhängig, weshalb es dem Land schwerfallen wird, sich schnell von dieser Einnahmequelle zu verabschieden. Ähnlich hat sich US-Präsident Donald Trump positioniert, als er die Klimagesetze seines Vorgängers Barack Obama zurücknahm, aus dem Pariser Klimaabkommen austrat und sich über seine gesamte Amtszeit hinweg für mehr Kohlestrom einsetzte.

Ein schillernder Begriff war und ist in dieser Diskussion derjenige der »Sauberen Kohle«, englisch Clean Coal. Barack Obama, der aus einem kohleproduzierenden Staat kommt, hat sich öffentlich und wiederholt für diese Technologie eingesetzt; die amerikanischen Kohleunternehmen warben massiv dafür. Es klingt ja auch großartig: Wer denkt bei »Sauberer Kohle« nicht sofort an saubere Verbrennung und weniger CO_2? Doch wie macht man Kohle »sauber«, ein schwarzes Gestein, das seine schädliche Fracht nur allzu gerne freigibt, sobald man es verbrennt? Tatsächlich entfernt die Saubere-Kohle-Technologie (in ihrem ursprünglichen Sinn) lediglich die Verunreinigungen im Gestein selbst, während Kohlendioxidemissionen erst dann reduziert werden, wenn Kraftwerke umgerüstet und mit Zusatzausstattungen versehen werden. Diese weiterführende, sogenannte CCS-Technologie (engl. für carbon dioxide capture and storage) ist tatsächlich in der Lage, einen großen Teil des CO_2 zu entfernen bzw. zu speichern, etwa in geologischen Depots unter der Erde. Sie ist allerdings noch im Entwicklungsstadium und extrem kostenintensiv, weshalb diejenigen Kohlekraftwerke, die in China und Indien in den letzten Jahren ans Netz gegangen sind, noch nicht mit dieser Technologie ausgestattet sind.

Wohin aber steuert China? Setzt es seinen verheerenden Kohlekurs fort oder wird es zum Vorzeigeland in Sachen Grüne Energie? Für beide Optionen sendet Peking Signale aus. Faktisch ist und bleibt China Kohleland Nummer eins, mehr als 1.000 Gigawatt an Kohlekapazität sind im eigenen Land verbaut, während die rund 150 Kohlekraftwerke in Deutschland eine Leistung von gerade einmal 45 Gigawatt aufweisen. Doch seit etwa 2015 ist der Kohleverbrauch auch im Reich der Mitte rückläufig. Bis 2030 soll der Anteil der Kohle am gesamten Energieverbrauch von rund 65 Prozent (2015) auf unter 50 Prozent fallen, während der Anteil der erneuerbaren Energien von knapp 10 Prozent im Jahr 2012 auf 25 Prozent im Jahr 2030 gesteigert werden soll.[7] Demgegenüber steht Chinas enormer Hunger nach Energie, weshalb aktuell weitere Kohlekraftwerke mit einer zusätzlichen Leistung von 150 Gigawatt geplant sind. Es wird eine gleichermaßen spannende wie überlebenswichtige Frage sein, welchen Weg China einschlagen wird. Denn selbst wenn alle anderen Länder auf der Welt aus der Kohle aussteigen, gilt immer noch die Warnung der Umweltschutz-NGO Global Energy Monitor 2019: »Wenn China nicht 40 Prozent seiner Kohlekraftwerke abschafft, sind die Klimaziele nicht mehr zu erreichen«.[8]

Wird China die Welt retten? Angesichts der Tatsache, dass bislang noch kein Land bewiesen hat, dass ihm Klimaschutz wichtiger ist als eine florierende Wirtschaft, sind Zweifel angebracht. China mag durchsetzungsstärker sein als die demokratischen Regierungen Europas und der USA und sein Machtapparat hat schon oft bewiesen, wie schnell und effektiv er es versteht, Änderungen durchzusetzen. Doch im Zweifel wird auch Chinas KP der Wirtschaft und ihrem Wachstum den Vorrang geben, nicht zuletzt um die eigene Bevölkerung ruhigzustellen.

Das Ende des Öls

Wie Kohle ist auch Öl eine endliche Ressource. Zu Beginn dieses Jahrhunderts häuften sich die Meldungen, die Welt befände sich im Stadium von »Peak Oil«, dem globalen Ölfördermaximum, ab dem die Produktion wieder rückläufig ist. Peak Oil wird auch »Hubbert's Peak« genannt, nach dem Geologen Marion King Hubbert, der im Jahr 1956 vorhersagte, die nationale Ölproduktion der Vereinigten Staaten werde 1970 ihren Höchststand erreichen. Den weltweiten Produktionshöchststand prognostizierte er für die Zeit um das Jahr 2000, was auch genau so eingetroffen wäre, hätten nicht die politisch begründeten Ölschocks der 1970er-Jahre diesen Meilenstein um fünf bis zehn Jahre verschoben. Die Produktionsrate einer begrenzten Ressource folgt, so sagt das Hubbert-Modell, einer mehr oder weniger symmetrischen glockenförmigen Kurve. Aktuell (2019) geht die US Energy Information Administration davon aus, dass sich die globale Produktion konventionell geförderten Erdöls seit etwa 2005 auf einem stabilen Plateau befindet.

Was bedeutet dies für die Ölvorräte? Die Menge der Erdölreserven (das ist die zu gegenwärtigen Preisen und mit heutigen Fördertechnologien gewinnbare Menge) lag nach einer Schätzung aus dem Jahre 2018 etwa bei 244 Gigatonnen; die Ressourcen (inkl. der derzeit *nicht* förderbaren sowie der nicht nachgewiesenen, aber geologisch möglichen, künftig gewinnbaren Menge) liegen bei rund 500 Gigatonnen.[9] Wie hoch die Zahlen wirklich sind, ist aus mehreren Gründen schwer zu sagen; vor allem die Prognosen der nicht konventionellen Reserven aus Ölschiefern oder Teersanden sind mit großen Unsicherheiten behaftet. Jedes neu entdeckte große Ölfeld treibt die Zahlen nach oben (jüngst wurden große brasilianischen Ölfelder entdeckt), ebenso die Entwicklung neuer Technologien und Verfahren der Exploration. Zum anderen kann man davon ausgehen, dass viele Länder bei der Angabe ihrer Zahlen nicht die Wahrheit sagen. Was wir wissen, ist, dass nicht das gesamte Öl, das irgendwo in der Erdkruste schlummert, gewonnen werden kann; mit den aktuell verfügbaren Technologien sind nur 35 bis 45 Prozent des Erdöls förderbar.

Im Jahr 2019 betrug der weltweite Verbrauch von Erdöl knapp 100 Millionen Barrel pro Tag[*] (oder 13,7 Millionen Tonnen).[10] In den vergangenen 50 Jahren hat sich der weltweite Erdölverbrauch fast verdreifacht. Angesichts dieser enormen Nachfrage nach Öl wird es künftig eine große Herausforderung sein, alle Menschen mit Nahrung zu versorgen (da die moderne Landwirtschaft mit erdölbetriebenen Maschinen funktioniert und erdölbasierte Düngemittel verwendet). Es wird zunehmend schwierig werden, den Lebensstandard in den Ländern des Südens zu heben *und* gleichzeitig denjenigen im Norden auf heutigem Niveau zu halten.

Die Regierungen, die amerikanische eingeschlossen, verfolgen diese Entwicklungen natürlich mit großem Interesse. Der sogenannte Hirsch-Report, auf Anforderung des amerikanischen Energieministeriums erstellt und im Februar 2005 publiziert, ließ keinen Zweifel daran, dass die Ölförderung irgendwann ein Maximum erreichen wird. Robert Hirsch, Kopf und Namensgeber der Studie, fasste die Folgen wie folgt zusammen: »Der Höhepunkt der weltweiten Ölförderung stellt die USA und die Welt vor ein beispielloses Problem. Mit dem Erreichen des Peaks werden die Preise für Öl und die Preisvolatilität dramatisch ansteigen; ohne rechtzeitig ergriffene Gegenmaßnahmen werden die wirtschaftlichen, sozialen und politischen Folgen beispiellos sein. Optionen der Gegensteuerung existieren, sowohl auf der Angebots- als auch auf der Nachfrageseite. Um Durchschlagskraft zu entwickeln, müssen sie allerdings mehr als ein Jahrzehnt vor dem Höhepunkt eingeleitet werden.«

---

[*] Dieser Verbrauch entspricht 5 GT (Gigatonnen) pro Jahr, d. h., die Ressourcen (vgl. S. 111) würden 100 Jahre ausreichen.

Energie und Nahrung

So wie das Bevölkerungswachstum eine wachsende Nachfrage nach Energie auslöst, werden wir auch immer mehr Nahrungsmittel benötigen, um diese Menschen zu ernähren (siehe Kapitel 4). Damit die moderne Landwirtschaft diese Mengen auch produzieren kann, ist sie neben Wasser und Boden auf immer mehr Energie angewiesen – und die steckt vor allem in Produkten, die aus Erdöl gewonnen werden. Nur dank dieser energieintensiven Produktion ist es überhaupt möglich, dass *ein* Bauer in den USA oder in Europa bis zu 140 Menschen ernähren kann. Im Einzelnen benötigt die moderne Landwirtschaft Treibstoff für Traktoren und Erntemaschinen sowie für Lagerung und Transport. Darüber hinaus müssen die anfälligen Monokulturen mit Pestiziden und anderen »Pflanzenschutzmitteln« behandelt werden, deren Ausgangsstoff ebenfalls Erdöl ist. Energie benötigt last not least vor allem die Herstellung synthetischer Düngemittel, allen voran die Produktion von Stickstoffdüngern durch das sogenannte Haber-Bosch-Verfahren. Tatsächlich geht derzeit ein Fünftel des gesamten amerikanischen Energieverbrauchs in das Ernährungssystem – vom Dünger über die Dreschmaschinen bis zu den Lastwagen und Zügen, die die Lebensmittel auf den Markt bringen. Es ist buchstäblich so, dass wir »Öl fressen«, denn der gesamte Energiebedarf für die Düngung mit 1 Tonne Stickstoff einschließlich Herstellung, Transport und Ausbringung entspricht dem Energiegehalt von etwa 2 Tonnen Erdöl.

Ein großer Teil der Welternährung basiert auf Nahrungsmitteln, die unter derart energieintensiven Bedingungen produziert werden. Mittlerweile hat die EU die Vereinigten Staaten als weltweit größten Exporteur von Agrarprodukten und Lebensmitteln abgelöst und auch China ist schon lange ein bedeutender Produzent von Nahrungsmitteln aller Art, vor allem von Reis und Weizen. Doch wie lang können diese Überschüsse noch zu günstigen Preisen produ-

27 Längst dient Mais nicht mehr nur als Futtermittel: Biogasanlage zur Gewinnung von Biokraftstoff.

ziert werden? Was, wenn die Preise für Öl stark ansteigen, weil es langsam, aber sicher zur Neige geht? Die Nahrungsmittelpreiskrise der Jahre 2007 bis 2008 hat uns bereits einen Vorgeschmack geliefert, was passiert, wenn die Preise für Grundnahrungsmittel in kurzer Zeit dramatisch ansteigen. Die FAO, die Ernährungs- und Landwirtschaftsorganisation der Vereinten Nationen, schätzte die Zahl der zusätzlich Hungernden damals auf 75 Millionen Menschen; die Preise für Grundnahrungsmittel hatten sich verdoppelt bis verdreifacht, wovon vor allem ärmere Bevölkerungsschichten betroffen waren.

In der Analyse wurde eine ganze Reihe von Gründen für diese Entwicklung angegeben, vom Anstieg der Weltbevölkerung und dem steigenden Verzehr von Fleisch über geringe Lagerbestände bis hin zu Nahrungsmittelspekulation. Entwicklungen auf dem Energiesektor dürften ebenfalls eine gewichtige Rolle gespielt haben, denn just im Jahr 2008 schoss der Preis für Erdöl auf 150 Dollar pro Barrel hoch und verteuerte die Produktion von Düngemitteln. Darüber hinaus führte die Ölpreissteigerung zu einer massiven Ausweitung der Produktion von Biokraftstoffen in vielen industrialisierten Ländern. Besonders in den USA, in einer der wichtigsten Kornkammern der Welt, kam es zu einer Ausweitung des Anbaus von Mais und anderen Nutzpflanzen, aus denen sich Energie gewinnen ließ. Auf einmal wurden Getreideprodukte nicht allein zu Zwecken der Ernährung nachgefragt, sondern auch als Treibstoff.

Aktuell zeigt der Food Price Index der FAO (er erfasst die Entwicklung der Weltmarktpreise von 55 Agrarrohstoffen und Nahrungsmitteln) übrigens erneut überdurchschnittliche Preissteigerungsraten, zumindest galt das für das Ende des Jahres 2020: »Der monatliche Anstieg war der stärkste seit Juli 2012 und brachte den Index auf den höchsten Stand seit Dezember 2014.«[11] Als Ursache gilt eine »normale«, vergleichsweise harmlose Klimaanomalie namens La Niña, die die Niederschlagsmuster weltweit in Unordnung bringt und mit ihr die Produktion von Nahrungsmitteln.

Mehr Menschen und weniger Öl, dazu eine andauernde und dramatische »Klimaanomalie« namens Klimawandel, dies allein könnte bereits zu großen Einbußen in der Landwirtschaft führen und in der Folge zu großem Elend – über den Verlust riesiger Acker- und Weideflächen durch das Vordringen der Meere haben wir dabei noch gar nicht gesprochen.

KAPITEL 4

Die Menschheit ernähren in einer wärmeren Welt

Northern Sacramento Valley, 2135 n. Chr., Kohlendioxid bei 800 ppm

Die Reiter bewegten sich Richtung Süden, immer entlang des Bachbetts des McCarty Creek. Sie hielten ihre Gewehre locker, aber geladen und schussbereit, während sie den starken Stacheldraht nach der Lücke absuchten, die hier irgendwo sein musste. Es war ein mörderischer Job unter der intensiven nordkalifornischen Sonne. In der Ferne konnten sie gerade noch die Sutter Buttes ausmachen, und da war auch noch eine Spitze des Mount Shasta zu sehen – beide Erhebungen komplett ohne Schnee. Solange dieser Bach von den nahegelegenen Coast Ranges gespeist wurde, mündete er in den Sacramento River, doch auch dieser einst mächtige Fluss war nur noch ein Rinnsal, ein dürrer Abklatsch seiner selbst. Auf den Sierras fiel kein Schnee mehr, sie standen wie ein brauner Wall gegen Osten. Wo früher bis in den Spätsommer Schnee lag, sah es jetzt aus wie im steppenhaften Nevada des 20. Jahrhunderts mit seiner braun gefärbten Landschaft aus Bergen und trockengefallenen Tälern. Hier waren es das Kalifornische Küstengebirge im Westen und die Sierra Nevada im Osten, die das breite Tal einfassten, durch das sie ritten, das Great Valley oder Kalifornische Längstal. Von seinen

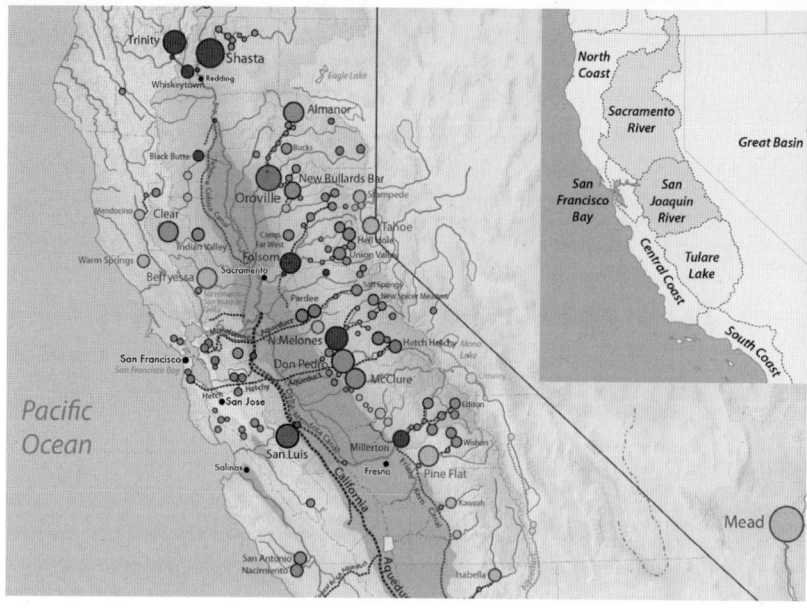

28 Lage und Wasserversorgung des Kalifornischen Längstals. Bedeutsam sind vor allem die Berge im Einzugsgebiet des Sacramento River im Norden. (Die Kreise stehen für einzelne Reservoire, die Kreisgröße ist ein Maß für deren Kapazität.)

Dimensionen abgesehen war es jedoch fraglich, ob man diesem Tal wirklich noch so etwas wie Größe zusprechen konnte.

Dabei war es einmal eine der wohlhabendsten Agrarregionen weltweit gewesen. In der Höhe des Sacramento-Flussdeltas ließ es sich grob in zwei Hälften teilen: In der nördlichen Hälfte wurden Obst, Oliven, Baumwolle und vor allem Reis angebaut, während das südliche Tal das größte Gemüseanbaugebiet der Erde beherbergte. Jetzt war das Great Valley durch einen Ausläufer der Bucht von San Francisco, der sich bis zur Stadt Sacramento erstreckte, zweigeteilt. Von dieser Meeresbucht aus hatte sich das Salzwasser langsam in die Grundwasserleiter vorgearbeitet, aus denen das Bewässerungswasser ursprünglich kam – und jedes Jahr drang das Meer weiter nach Norden und Süden in die ehemals so mächtigen Flüsse des Tales vor. Trotz der enormen technischen Anstrengungen der Menschen in

Kalifornien waren die meisten Aquifere mittlerweile salzhaltig. Aber auch das wäre noch zu verkraften gewesen, hätte das Wetter den hohen Küstengebirgen weiterhin üppige Mengen Schnee beschert. Da es aber nur noch regnete, gab es im Frühjahr, wenn gesät wurde und die Pflanzen ihre Blätter entfalteten, kein Schmelzwasser mehr. Winter wie Schneeschmelze gehörten der Vergangenheit an. In einer Hinsicht war das ein Segen; denn mit den Wintern waren auch die bislang charakteristischen morgendlichen Frühnebel verschwunden, die alljährlich zu zahlreichen tödlichen Unfällen auf der Interstate 5 führten, der großen Nord-Süd-Autobahn durch Kalifornien. Doch der Vorteil war nicht mehr von Bedeutung, zumindest nicht für den Individualverkehr, denn die Pkws waren vor einigen Jahrzehnten verboten worden, als man verzweifelt versuchte, Öl einzusparen. Da Güter aber nach wie vor von einem Ort zum andern zu transportieren waren und die Menschen mobil sein wollten oder mussten, waren es nun Busse und Lastwagen, die auf den noch vorhandenen Autobahnen im Stau standen.

Lange bevor das neue Klima alles vertrocknen ließ, war man im Great Valley vom Pflanzenanbau zur Viehzucht gewechselt. Winterregen und starke Sonne ließen immer noch ordentliche Mengen Gras wachsen, und es entwickelten sich riesige Rinder- und Schaffarmen, wo vorher Reis, Gemüse und Obstbäume wuchsen. Doch diese Zeit hielt nicht lange an. Bald wurde es sogar den Schafen zu trocken, und mit dem Verschwinden der Schafe verschwanden auch die Farmen. Aber Amerika brauchte immer noch Fleisch, und so experimentierte man zuerst mit Weißwedelhirschen, dann mit Antilopen. Aber was schnelles Wachstum anging und Widerstandsfähigkeit gegenüber Trockenheit und Hitze, war das Känguru unschlagbar. Es war die letzte ergiebige Quelle für Fleisch, das überall vakuumiert angeboten wurde, in einem Land, das in puncto Klima und Vegetation vom einst wesentlich trockeneren südlichen Nachbar Mexiko längst nicht mehr zu unterscheiden war.

Wie immer kreisten weit oben Krähen in großen Schwärmen. Die alten Bussarde waren zusammen mit allen anderen Vögeln aus dem Tal verschwunden – ausgerottet von den Krähen. Die klugen Vögel hatten rasch herausgefunden, dass Vogeleier wunderbar als Mahlzeit taugten. Als es keine Vögel mehr gab, fingen sie an, größere Tiere zu jagen – auch Menschen, vor allem Kinder, wurden attackiert und verletzt. Dass die Reiter ihre Schrotgewehre geladen hatten, hatte durchaus auch mit den Krähen zu tun. Doch die Männer mussten ebenso vor den Rudeln streunender Hunde auf der Hut sein, Mischlingen verwilderter Haushunde und Coyoten. Egal, welche Hunderasse hier ihre Gene weitergab, sie waren allesamt keine Schönheiten, aber im Rudel waren sie tödlich.

Der eigentliche Grund für die Bewaffnung waren allerdings die Truppen Besitzloser, die unablässig von der Megacity Los Angeles-San Diego kommend talaufwärts zogen, in den fruchtbaren und wohlhabenden Norden des Kontinents. Gemeinsam mit Russland war Kanada zum reichsten Land der Erde aufgestiegen, und es schützte seine Grenzen ebenso gnadenlos, wie es die US-Amerikaner einst mit ihrer Grenze zu Mexiko getan hatten. Doch die zutiefst Verzweifelten ließen sich davon nicht abschrecken.

Ja, Amerika war arm – und hungrig. Aber nicht ganz so arm wie viele Menschen in anderen Weltgegenden. In China und Indien herrschte große Hungersnot, denn auch die Gletscher des Himalaya waren von der Erwärmung betroffen. Viele Flüsse, auch die großen Ströme Indus, Ganges, Brahmaputra und Jangtse, führten nur noch wenig Wasser, weil die sie speisenden Gletscher weitgehend verschwunden waren. Und ohne ihr Wasser konnten die Bewässerungskulturen schlichtweg nicht mehr die Menge an Nahrung liefern, die das Milliardenheer der Menschen benötigte.

Weltweit katastrophal wirkte sich der Verlust der Mündungsgebiete aus. Die tief liegenden sumpfigen Deltas hatte man nie zu den wertvollsten Gebieten gezählt. Die Deltaregionen von Mississippi oder Ganges und Brahmaputra waren schon im ausgehenden 20. und beginnenden 21. Jahrhundert extrem unsicheres Land. Die Tatsache, dass sich in diesen Gebieten Flussarme immer wieder neu bildeten und wieder verschwanden, machte jede Erschließung aufwendig und kostspielig, für ehemalige Länder wie Bangladesch sogar unmöglich. In einer Hinsicht waren die Deltas jedoch unbezahlbar: Hier gab es die fruchtbarsten Böden der Erde.

Erfolgreiche Landwirtschaft

Unsere Spezies bewohnt den Planeten nun schon seit 200.000 Jahren, aber dass wir uns wirklich vermehrten, begann erst vor etwa 10.000 Jahren, als die Landwirtschaft erfunden wurde. Man legte einen Samen in ein vorbereitetes Feld und pflegte ihn, während er keimte, bestäubt wurde und zur Reife gelangte. Dieser einfache Vorgang veränderte alles. Die Landwirtschaft führte zur Entstehung der ersten Städte, und mit dem Aufschwung der Städte lernten große Populationen sich in Strukturen zu organisieren, wozu auch die Aufstellung der ersten Armeen gehörte. Damals traten auch erstmals Epidemien auf, weil die Menschen nun in großer Zahl auf engem Raum zusammenlebten und dabei ihren Wohnraum mit ihren eigenen oder auch anderen Abfällen verschmutzten. Sie lockten auch Überträger von Krankheiten an, wie Nagetiere und Flöhe, die sich in ihrem Umfeld oder, wie im Fall der beißenden Flöhe, auf den Menschen selbst ausbreiteten.

Wir haben es tatsächlich weit gebracht. Ein Mensch, der um das Jahr 1900 lebte, hätte sich kaum vorstellen können, dass inzwischen fast acht Milliarden Menschen auf unserer Erde leben – und er hätte erst recht nicht geglaubt, dass es uns gelingt, diese Menschen in ihrer Mehrheit von den Ressourcen dieser Erde zu ernähren. Wie haben wir das geschafft? Es ist uns gelungen, die Landwirtschaft permanent zu optimieren und effektiver zu gestalten, etwa durch die Züchtung von widerstandsfähigen und produktiven Nutzpflanzen und Nutztieren. Dazu gehört auch die Verwendung von Dünger ebenso wie die Erfindung des Verbrennungsmotors, der aus landwirtschaftlichen Geräten nicht mehr wegzudenken ist. Teil der Gesamtrechnung sind auch die höchst erfolgreichen Methoden, Nahrung über lange Zeit frisch zu halten, sowie die Infrastruktur, die man braucht, um diese in kurzer Zeit über lange Strecken zu transportieren.

Zu den wichtigsten Nahrungsquellen der Menschen, nämlich Weizen, Mais und Reis, gibt es belastbare Schätzungen, was die Ernteerträge betrifft. Sie klingen durchaus beeindruckend. 2019/20 konnten weltweit über 760 Millionen Tonnen Weizen, über 1.100 Millionen Tonnen Mais und knapp 500 Millionen Tonnen Reis geerntet werden. Für diese Menge Weizen waren 215 Millionen Hektar Land nötig, knapp 200 Millionen Hektar für Mais, 160 Millionen Hektar für Reis. Was die Zukunft betrifft, herrscht allerdings große Unsicherheit, angesichts der Prognose von 9 bis 11 Milliarden Menschen im Jahr 2100 und dem weltweiten Trend zu erhöhtem Fleischverbrauch – zu dessen Erzeugung eine Menge Getreide benötigt wird. Was Prognosen weiterhin erschwert, ist der zusätzliche Druck auf die Agrarproduktion, der aus der erhöhten Nachfrage nach Biokraftstoffen entsteht. Schließlich wird das verstärkte Auftreten extremer Wetterereignisse, welche die Erwärmung mit sich bringt – von Dürren über Stürme bis hin zu Überschwemmungen – die Lage zusätzlich verschärfen.

In den letzten Jahren haben sich die Getreideernten kaum noch steigern lassen, was möglicherweise bereits auf die Verschlechterung der Wachstumsfaktoren zurückzuführen ist. Jahrzehntelang haben die industrialisierte Landwirtschaft und die sogenannte Grüne Revolution auf nicht nachhaltige Praktiken gesetzt mit der Folge massiver Bodenerosion, Rückgang der Bodenfruchtbarkeit, Verlust

von Ackerland durch Versalzung, Absinken des Grundwasser-
spiegels sowie steigender Krankheitsanfälligkeit der Nutzpflanzen. Dazu addieren sich die Kontamination von Oberflächen- und
Grundwasser, der Ausstoß von Treibhausgasen sowie der Verlust
an Biodiversität.

Landwirtschaft im Klimawandel

Seit die Menschen sesshaft wurden, haben sie in den Haushalt der
Natur eingegriffen. Wälder wurden gerodet, um Flächen für Ackerbau
und Tierhaltung zu schaffen; auch der Abbau von Rohstoffen sowie
die Anlage von Transportwegen und Siedlungen gingen zulasten
der Natur. Mit dem Anstieg der Bevölkerung und aufgrund techni-
scher Errungenschaften nahmen Umfang und Geschwindigkeit von
Landnutzungsänderungen seit dem 18. Jahrhundert kontinuierlich
zu; immer mehr Grünland und Wälder wurden durch Ackerland
verdrängt.

Jenseits der Eis- und Wasserflächen stehen uns rund 130 Millionen Quadratkilometer Land zur Verfügung. Knapp ein Viertel davon
ist nicht oder nur sehr begrenzt nutzbar, weil es zu trocken oder zu
kalt ist oder auch weil das Gelände zu steil oder die Böden ungeeignet
sind. Etwas mehr als ein Viertel des Landes ist noch immer bewaldet
und knapp die Hälfte wird landwirtschaftlich genutzt: 36 Prozent
entfallen auf Weiden, etwa 12 Prozent werden mit unterschiedlicher
Intensität beackert oder tragen Dauerkulturen. Mitteleuropa war vor
10.000 Jahren noch ein (fast) reines Waldland; wenn heute nur noch
rund 30 Prozent des Gebietes bewaldet sind, versteht es sich von
selbst, dass eine derart massive Landnutzungsänderung nicht ohne
Auswirkung auf den Naturhaushalt sein kann. Entsprechend intensiv
sind Land- und Forstwirtschaft heute an den globalen Treibhausgasemissionen beteiligt (etwa 25 Prozent aller Emissionen). In der
Landwirtschaft spielen Methan (das vor allem bei der Tierhaltung

entsteht) und Distickstoffmonoxid (aus Düngemitteln) eine entscheidende Rolle; dabei handelt es sich um Gase, die ein wesentlich höheres Treibhausgaspotenzial haben als CO_2. Bis 2050 wird erwartet, dass die Treibhausgasemissionen des Nahrungssektors auch aufgrund veränderter Ernährungsgewohnheiten um weitere 30 bis 40 Prozent steigen werden.[1]

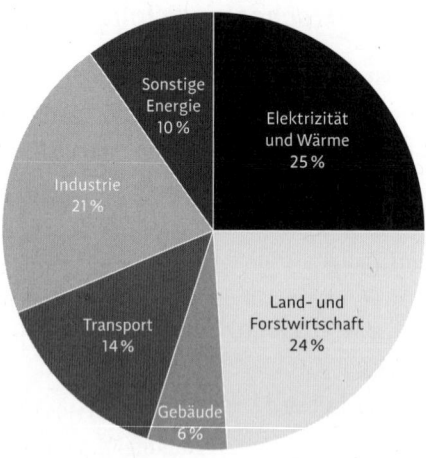

29 Treibhausgasemissionen nach Kategorien: Die Land- und Forstwirtschaft trägt mit rund einem Viertel der Emissionen erheblich zur globalen Erwärmung bei.

Unsere Ernährung spielt also eine gewichtige Rolle innerhalb des Komplexes »Globale Erwärmung« – und selbstverständlich wirken Änderungen in der Zusammensetzung der Atmosphäre sowie sich wandelnde Temperatur- und Niederschlagsmuster auf die Nahrungsmittelproduktion zurück. Trotz aller technologischer Fortschritte ist das Klima immer noch ein Schlüsselfaktor für die Landwirtschaft. Die Züchtung neuer Nutzpflanzen, Gewächshäuser und intensive Bewässerung haben die Menschheit unabhängig(er) von den Naturbedingungen werden lassen, und es ist über lange Zeit gelungen, die landwirtschaftlich genutzte Fläche auszuweiten. Doch es wäre blauäugig anzunehmen, dass der Klimawandel sich nicht auf die Erträge auswirken wird, wenn auch regional in unterschiedlichem Maß.

Afrika ist nicht zuletzt wegen weitverbreiteter Armut und zahlreicher politischer Konflikte einer der anfälligsten Kontinente. Steigende Temperaturen werden Menschen wie Nutztiere in den (sub-) tropischen Gebieten stark beeinträchtigen. Tiere sind fähig, ihre Stoffwechselrate an höhere Temperaturen anzupassen; dies kann aber zu verminderter Produktivität führen, so wie Hitzestress eine erhöhte Anfälligkeit für Krankheiten zur Folge haben kann. Trockenheit und eine zunehmende Veränderbarkeit der Niederschläge werden weite Teile des Kontinents heimsuchen – eine Katastrophe angesichts der Tatsache, dass ein Großteil der Bevölkerung des subsaharischen Afrika von Erträgen abhängig ist, die auf ausreichend hohen Niederschlägen basieren (Regenfeldbau). In Asien werden die abschmelzenden Gletscher das Angebot an Süßwasser langfristig drastisch reduzieren. Während Ost- und Südostasien laut IPCC bis zur Jahrhundertmitte mit einer Zunahme der Getreideerträge um 20 Prozent rechnen können, kann es in Zentral- und Südasien im selben Zeitraum zu einem 30-prozentigen Rückgang kommen. Im Südwesten der USA ist immer häufiger mit Dürren zu rechnen; da Winterniederschläge vermehrt als Regen fallen, werden die Flüsse im Sommer weniger Wasser führen, weil die Schneeschmelze ausbleibt. Ohnehin sieht die Situation für die Vereinigten Staaten nicht allzu rosig aus: Bis 2080 wird ein 15-prozentiger Rückgang der Ernteerträge erwartet – und das, obwohl das Gebiet der Großen Seen, die Rocky Mountains mit den angrenzenden (nördlichen) Great Plains sowie der Pazifische Nordwesten Zuwächse aufweisen werden. Es ist durchaus vorstellbar, dass die Vereinigten Staaten von Amerika am Ende dieses Jahrhunderts nicht mehr in der Lage sein werden, ihre Bevölkerung zu ernähren, ohne Nahrungsmittel einzuführen.

Für alle Weltregionen gilt, dass es für Pflanzen, die in Bezug auf Wärme und Trockenheit an die Grenzen ihrer Verbreitungsmöglich-

30 Das Schmelzwasser dieses Gletschers bildet schon bald den Ganges. Schwindet das Eis des Himalaya, wird die Landwirtschaft weiter Teile Indiens und Chinas unter Wassermangel leiden.

keit kommen, immer schwieriger wird, Erträge in der gewohnten Menge hervorzubringen. Auch für die Forstwirtschaft wird dies zum Problem; in Mitteleuropa kommt die Fichte an ihre Grenzen, vor allem in niedrigen Lagen. »Naturnaher Waldumbau« heißt daher die Devise; in mehreren Stufen sollen zunächst heimische Arten gestärkt werden, die die kommenden Klimaverhältnisse gut ertragen können, bevor auf gebietsfremde Arten wie Douglasie, Schwarzkiefer oder Roteiche zurückgegriffen werden muss.

Was für die Forstwirtschaft gilt, gilt freilich auch für die Landwirtschaft. Vor allem der Norden und Osten Deutschlands hatte in den letzten Dürresommern schwere Ernteverluste zu beklagen. Im Jahr 2018 gingen die Getreideerträge im Landesdurchschnitt um über 20 Prozent zurück. Für Frankreich haben David Battisti und Rosamond Naylor in die Vergangenheit geblickt und auf diese Weise Erkenntnisse für die nahe Zukunft gewonnen:[2] Im Jahr 2003 erlebte Westeuropa einen Rekordsommer, dem zwischen Juni und August schätzungsweise über 50.000 Menschen zum Opfer fielen. In Frankreich ging die Mais- und Futtermittelproduktion um 30 Prozent zurück, die Obsternte verzeichnete Einbußen von 25 Prozent, die Weizenernte brach um 21 Prozent ein. Leider lassen Klimamodelle darauf schließen, dass eine sommerliche Hitze wie 2003 bis zum Ende des Jahrhunderts die Norm für das Land sein wird (und auch für viele andere Länder Europas). Das lässt mit Blick auf die realen Ernteeinbußen von damals für die nahe Zukunft nichts Gutes erwarten – zumal alle Prognosen zur künftigen Ernährungssituation zwei schwerwiegende Fehler aufweisen: Sie denken nicht über das Jahr 2100 hinaus und sie ignorieren die Tatsache, dass die produktivsten Anbauflächen vielleicht schon bald überflutet sein werden – wenn das Eis weiterhin schmilzt und die Ozeanpegel weiter ansteigen.

Wenn es keinen Flächenverlust durch das vordringende Meer gäbe, könnte man im besten Fall noch darauf hoffen, dass es lediglich zu regionalen Verschiebungen kommen wird, ohne dass Mangelernährung oder Hunger signifikant zunehmen. Es gibt nicht wenige NGOs, die eine solche Sicht vertreten. Denn es ist in der Tat so, dass Ackerbau, Tierhaltung und Fischfang bereits heute genügend Kalorien produzieren, um zehn bis zwölf Milliarden Menschen satt zu machen. Doch da fast die Hälfte davon die Märkte gar nicht erreicht, weil Nahrung verfüttert, verbrannt (Agrotreibstoffe) oder weggeworfen wird (Nachernteausfälle, Lebensmittelverschwendung) und da immer mehr Menschen immer mehr Fleisch zu sich nehmen, ergibt sich in der Realität ein anderes Bild.

Wäre es vielleicht möglich, dass eine weitere Intensivierung des Handels etwaige Nahrungsverluste in verschiedenen Teilen der Erde ausgleichen wird? Forscher vom Potsdam-Institut für Klimafolgenforschung sehen in einer stärkeren Liberalisierung der Agrarmärkte eine sinnvolle Strategie, weil »Handel (…) auf Veränderungen der globalen Muster von landwirtschaftlicher Produktivität reagieren und so niedrigere Produktionskosten und höhere Nahrungsmittelsicherheit ermöglichen« kann.[3] Doch wird dabei ignoriert, dass der globalisierte Handel selbst in hohem Maße für viele unserer ökologischen Probleme verantwortlich ist, ebenso wie für den Zusammenbruch lokaler Nahrungsmittelmärkte in den Ländern des globalen Südens. Daher befürworten Entwicklungshilfeorganisationen wie etwa »Brot für die Welt« eine andere Strategie, nämlich »Agrarökologie statt Agrarliberalisierung«: »Freie Märkte sind, so zeigt unsere Erfahrung mit den Projektpartnern im Süden, ein gänzlich ungeeignetes Mittel, um das Grundrecht auf Nahrung für alle Menschen durchzusetzen, auch nicht in Zeiten der Klimakatastrophe. Eine verlässliche, flexible und nachhaltige Agrarproduktion, eine hohe Anzahl an Saatgutsorten, verschiedene Anbaumethoden und hohe Variabilität an angebauten Produkten kann nachhaltiger mit den bereits sichtbaren Folgen des Klimawandels umgehen. Agrarökologie global durchzusetzen, ist das Gebot der Zeit.«[4]

31 Eine zukunftsfähige Landwirtschaft muss auf Vielfalt setzen, ob in den Tropen, wie hier auf Bali, oder in außertropischen Regionen.

Pflanzen im Klimawandel

Jeder, der schon einmal versucht hat, Pflanzen zu züchten, ob im Haus oder im Freien, weiß, wie empfindlich sich manche verhalten, während andere äußerst widerstandsfähig sind. Auch nur eine Spur zu viel oder zu wenig an Wasser oder Wärme oder Nährstoffen, und schon kann das für eine Pflanze den Tod bedeuten. Angesichts der Prognose, dass sich die Erde signifikant erwärmt und dabei ihre Niederschlagsmuster ändert, versuchen Botaniker seit einigen Jahren herauszufinden, welche Pflanzen in einem wärmeren und/oder trockeneren Klima gut gedeihen.

Auf den ersten Blick könnte man annehmen, dass sich die globale Erwärmung positiv auf Pflanzen auswirkt. Solange nicht eine bestimmte Obergrenze erreicht wird, regen wärmere Temperaturen tatsächlich ein schnelleres Zellwachstum an. Während aber ältere Forschungen noch davon ausgingen, dass hohe Temperaturen Pflanzen wie Reis, Mais und Weizen schneller wachsen lassen (wenn auch um den Preis rückläufiger Nährstoffgehalte und Fruchtbarkeit), legen jüngere Studien nahe, dass die globalen Ernteerträge bei anhaltender Erwärmung unter den momentanen Treibhausgasemissionen voraussichtlich erheblich sinken werden und zwar pro Grad Celsius um durchschnittlich 7,4 Prozent bei Mais, 6 Prozent bei Weizen und jeweils knapp über 3 Prozent bei Reis und Soja.[5]

Neben Wärme benötigen Pflanzen Kohlendioxid, um mittels Photosynthese Energie zu gewinnen und ihre Körpersubstanz aufzubauen. Was läge also näher, als anzunehmen, dass ein steigender CO_2-Gehalt in der Atmosphäre dazu führt, dass Pflanzen schneller wachsen? Befinden sich mehr CO_2-Moleküle in der Umgebungsluft, wird es für jede Pflanze leichter, sich diesen Grundbaustein zu beschaffen. In der Regel dringt das Kohlendioxid über kleine Spaltöffnungen in den Blättern in die Pflanze ein. Ebenso gilt, dass die Zahl der Spaltöffnungen (bzw. Stomata) abnimmt, je höher die

CO_2-Konzentration ist. Für Forscher, die sich für die Lebensbedingungen oder das Klima der Vergangenheit interessieren, ist dieser Aspekt von großem Interesse: Über die Analyse fossiler Blätter lassen sich Rückschlüsse auf den CO_2-Gehalt längst vergangener Zeiten ziehen.

Die Spaltöffnungen sind zwar notwendig, können für die Pflanzen aber auch nachteilig sein; denn in dem Maße, wie das Gas über die Stomata hineinströmt, kann das in der Pflanze enthaltene Wasser durch sie auch austreten. Ein zu hoher Verlust an Wasser ist fatal, und die Gefahr ist umso höher, je niedriger der CO_2-Gehalt der Atmosphäre liegt (was mehr Spaltöffnungen erfordert).

Botaniker unterscheiden zwei Arten der Photosynthese. Sogenannte C_3-Pflanzen arbeiten mit dem Grundtypus, der sogenannten C_3-Photosynthese, während C_4-Pflanzen einen anderen Weg der Kohlenstofffixierung eingeschlagen haben. Beide Namen leiten sich vom ersten Fixierungsprodukt ab, welches durch die Assimilation von Kohlendioxid entsteht (es enthält bei C_3-Pflanzen eine Verbindung mit drei C-Atomen, bei C_4-Pflanzen eine solche mit vier). Die C_3-Pflanzen entstanden zuerst und zwar zu einem Zeitpunkt, als die Atmosphäre reich an Kohlendioxid und arm an Sauerstoff war; die C_4-Photosynthese entwickelte sich demgegenüber erst vor etwa 30 Millionen Jahren, im Oligozän, bei sinkenden Temperaturen und CO_2-Konzentrationen.

Was die Landwirtschaft anbelangt, gehören Mais, Sorghum, Hirse und Rohrzucker wie auch Gräser, die Kühen und Schafen als Futter dienen, zu den C_4-Pflanzen. Zu den für die Landwirtschaft wichtigen C_3-Pflanzen zählen viele Grundnahrungsmittel wie Reis, Weizen, Roggen, Sojabohnen und Hülsenfrüchte (Gemüse), dazu die meisten Bäume einschließlich aller obsttragenden Arten.

Natürlich wurden verschiedene Arten dieser Pflanzen und ihre Reaktion auf veränderte Lebensbedingungen wissenschaftlich untersucht; dabei kamen geschlossene Kammern zum Einsatz, in denen die verschiedenen Gase sowie Licht und auch Feuchte und Temperatur verändert werden können. Das Ergebnis: C_4-Pflanzen erreichen ihre CO_2-Sättigungsgrenze bei Werten knapp über 400 ppm, C_3-Pflanzen können auch bei höheren Werten noch CO_2 aufnehmen. Wird diesen Pflanzen zusätzliches Kohlenstoffdioxid zur Verfügung gestellt (etwa in Gewächshäusern), können sie durch diese Kohlenstoffdüngung besser bzw. schneller wachsen. Das klingt erst einmal gut, doch hört die wachstumsfördernde Wirkung »irgendwann« auf, zumeist bei 750 ppm – wie wir gehört haben, könnte dieser Wert, weitere hohe CO_2-Emsissionen vorausgesetzt, schon bald erreicht sein.

C_4-Pflanzen sind den meisten C_3-Pflanzen dadurch überlegen, dass sie Wasser effektiver nutzen können: Ihre optimale Wachstumstemperatur liegt daher zwischen 30 und 40 Grad Celsius, für C_3-Pflanzen beträgt sie zehn Grad weniger. C_4-Pflanzen können ihre Stomata über einen längeren Zeitpunkt weitgehend schließen, weshalb sie etwa zwei- bis dreimal weniger Wasser benötigen, um dieselbe Trockenmasse aufzubauen. Der Preis dafür ist ein höherer Energiebedarf, weshalb sie vor allem in wärmeren Regionen wachsen. Optimale Bedingungen vorausgesetzt sind C_4-Pflanzen wie Mais und Zuckerrohr extrem produktiv.

Kurzum: Steigende CO_2-Werte begünstigen C_3-Pflanzen, in wärmeren Regionen sind sie den C_4-Pflanzen aber in puncto Photosyntheseproduktivität unterlegen – und reagieren empfindlicher auf Wasserstress.

Niederschläge, Bewässerung, Versalzung

Neben ausreichend hohen Temperaturen und CO_2 benötigen Pflanzen vor allem eines: Wasser. Der aktuelle Klimawandel wird sich nicht allein durch erhöhte Temperaturen, schmelzendes Eis und steigende Meere bemerkbar machen, er wird auch die Niederschlagsmuster und damit das Wasserangebot massiv beeinflussen.

Innerhalb Europas rechnen Klimatologen für den Mittelmeerraum mit einer Abnahme der Niederschläge; für boreal geprägte Länder wie Schweden und Finnland mit einer Zunahme. Die atlantisch beeinflussten Bereiche Europas, wie die Britischen Inseln, die Niederlande oder Nordwestfrankreich, müssen mit häufigeren Starkregenereignissen rechnen; die kontinentaleren Regionen Mitteleuropas mit abnehmenden Sommerniederschlägen. Global betrachtet werden Niederschläge vor allem in wechseltrockenen Gebieten immer unregelmäßiger fallen. Die Sahelzone wird eine solche Region sein, ebenso Nordafrika oder der Nahe Osten. Wechselfeuchte Gegenden, wie weite Teile der Karibik oder Indiens, könnten ebenfalls betroffen sein, wenn sich das Monsunsystem verändert, wofür es bereits Hinweise gibt.

Jedenfalls benötigen Pflanzen bei steigenden Temperaturen größere Mengen Wasser, und es sieht so aus, als würden die meisten der eben genannten Gebiete trockener werden. Regionen, die aktuell noch Regenfeldbau betreiben, werden auf Bewässerung umschwenken müssen; Gebiete, die schon lange auf Bewässerung setzen, werden zunehmend unter Wassermangel leiden – und das ist besorgniserregend, denn bewässertes Land ist etwa doppelt so produktiv wie nicht bewässertes, weshalb sein Verlust besonders schwer wiegt.

Schon ohne den Klimawandel steht die Bewässerungslandwirtschaft unter vielfachem Druck. Zahlreiche Grundwasservorkommen sind übernutzt, rund um Peking ist der Grundwasserspiegel durch rigorose Entnahme um 60 Meter gesunken. Ein weiteres, massives Problem ist die Bodenversalzung, von der heute bereits etwa 20 Prozent der landwirtschaftlichen Nutzfläche betroffen sind. Da viele Salzböden fernab der Küsten auftreten, muss es dort andere Gründe für die Versalzung geben als den Salzeintrag über das steigende Meer. Einige Salzböden entwickeln sich aus salzhaltigem Ausgangsgestein, andere bekommen ihr Salz über aufsteigendes Grundwasser oder über den Wind zugeführt. Flächenmäßig relevant sind mittlerweile

32 Karussell- oder Kreisberegnungsbewässerung im Südwesten der USA. Da das Wasser bei dieser Methode über den Bestand verregnet wird, führen hohe Verdunstungsverluste zu einer relativ geringen Wassernutzungseffizienz.

anthropogene Salzböden, die durch salzhaltiges Bewässerungswasser entstehen oder durch (unsachgemäße) Bewässerung ohne Überschussbewässerung, denn vor allem in der warmen Jahreszeit muss darauf geachtet werden, dass Sickerwasser anfällt, das den Boden durchspült. Geringe Niederschlagsmengen, intensive Sonneneinstrahlung und hohe Temperaturen befördern die Anreicherung von Salz zusätzlich, weil die Auswaschung nicht mehr funktioniert.

Salz im Boden bzw. Wasser ist für viele Pflanzen ein schwerwiegendes Problem. Zuerst einmal verhindert ein hoher Salzgehalt die Keimung. Wenn die Pflanze anfängt zu wachsen, wirkt Salz wie eine Dürre im Boden. Das Wasser ist an die Bodenpartikel so stark gebunden, dass die Pflanze das Wasser nur noch schwer aufnehmen kann. Darüber hinaus ist das osmotische Potenzial innerhalb der Pflanze gestört, weshalb die Verteilung von Wasser und (darin gelösten) Nährstoffen erschwert ist. Zuletzt führen hohe Natriumkonzentrationen zu reduzierter Aufnahme anderer Kationen, etwa von Kalium oder Calzium. Die Gruppe der mehrjährigen Pflanzen kommt damit besser zurecht als die der einjährigen, aber in bestimmten Konzentrationen ist vor allem Natriumchlorid schlichtweg toxisch und führt letztlich zum Absterben der Pflanze.

Angesichts der Vielfalt der Pflanzen gibt es natürlich Unterschiede; sogenannte Halophyten benötigen sogar Salz, um zu gedeihen, und sind entsprechend an Extremstandorten wie Salzwiesen und Mangrovenküsten zu finden. Kulturpflanzen werden in Bezug auf ihre Salztoleranz in vier Gruppen eingeteilt:

- empfindlich: Bohnen, Erbsen, Pfirsich
- mäßig empfindlich: Mais, Luzerne, Tomaten
- mäßig tolerant: Weizen, Sojabohnen, Sorghum
- tolerant: Gerste, Zuckerrüben, Dattelpalme

33 In niederschlagsarmen Jahren fällt der Huang Ho immer öfter trocken; in extremen Jahren erreicht sein Wasser das Meer nicht mehr.

In vielen, lange bewässerten Erdgegenden haben die Menschen Weizen durch Gerste ersetzt, doch ist eine solche Maßnahme nicht lange erfolgreich. Effizienter ist es, versalzte Flächen zu restaurieren, indem man sie überreichlich bewässert und das Sickerwasser über Drainage ableitet. Noch besser ist es freilich, dafür zu sorgen, dass Versalzung so gut wie möglich verhindert wird; Tröpfchenbewässerung, bei der das Wasser exakt dosiert und von der Pflanze im Idealfall komplett aufgenommen wird, ist hierfür ein geeignetes Verfahren. Es hilft zugleich dabei, Wasser zu sparen, dessen Verfügbarkeit, wie oben beschrieben, aus mehreren Gründen rückläufig ist.

China ist ein perfektes Beispiel dafür, wie ganze Regionen durch nicht nachhaltigen Wasserverbrauch massiv geschädigt werden. Dem legendären Huang Ho wird mittlerweile so viel Wasser abgezweigt, dass er in trockenen Jahren das Meer nicht mehr erreicht. Durch gigantische Umleitungsprojekte versucht China das Schlimmste zu verhindern; doch auch der Jangtsekiang, Chinas längster Strom, führt immer weniger Wasser. Auch die USA denken über ähnlich ambitionierte Projekte nach, etwa über die Ableitung von Wasser aus den Flüssen des wasserverwöhnten nördlichen Nachbarn, Kanada. Solche verzweifelten Versuche können dazu beitragen, ganze Ökosysteme zu verändern und zu destabilisieren.

Das Sacramento-Delta

Der Name »Kalifornien« ruft viele unterschiedliche Bilder hervor. Bei den meisten Menschen stehen sonnige Strände und lange malerische Küsten mit Sicherheit auf der Liste ganz oben. Jeder, der einmal die Strecke von der Grenze zwischen Oregon und Kalifornien hinunter Richtung Süden auf der Interstate 5 bis Los Angeles gefahren ist, hat ein ganz anderes Kalifornien kennengelernt. Nach ein paar Stunden mit wunderbarem Blick auf die Berge zu beiden Seiten des vielbefahrenen Highways wird die Gegend ruhiger und flacher. Die Berge verschwinden zwar nicht, weichen aber nach Osten in Gestalt der zerklüfteten Sierra zurück und nach Westen in Form der niedrigeren, aber immer noch eindrucksvollen Küstenketten. Bald aber weitet sich das Land und ist von Kansas oder Nebraska oder irgendeinem anderen Staat der Great Plains kaum mehr zu unterscheiden: Endloses Grasland breitet sich aus, dazwischen befindet sich immer wieder Ackerland. Die Gegenwart der Berge ist aber immer noch zu spüren. Aus beiden Himmelsrichtungen fließen zahlreiche kleine Bäche herab, die in kurzen regnerischen Winterperioden anschwellen. Wenn die erste Frühlingshitze den Schnee in den Bergen zum Schmelzen bringt, fließen riesige Wassermengen zu Tal. Kleine Bäche münden in größere, und über kurz oder lang fließen alle zusammen in den mächtigen Sacramento River. Die ersten Stunden fährt man durch das Sacramento Valley, ehe man südlich der Stadt Sacramento in das Tal des San Joaquin wechselt, der von Südosten kommend die Sierra Nevada entwässert. Wo sich die beiden Flüsse treffen, befindet sich die vielleicht spannendste Region des gesamten Tales: ein Binnendelta mit seinen »Thousand Miles of Waterways«, das 25 Millionen Menschen mit Trinkwasser und noch eine viel größere Zahl mit einer Fülle unterschiedlicher landwirtschaftlicher Produkte versorgt. Die Struktur, die wir soeben in Gedanken durchfahren haben, ist das Kalifornische Längstal, von seinen Bewohnern Great Valley genannt. Früher bezog sich der Name nur auf seine Größe, auf die Länge von knapp 650 Kilometern, die diejenigen zu überwinden hatten, die in Pferdewagen von einem Ende zum andern reisen mussten. Später bekam der Name noch eine andere Bedeutung. »Groß« war das Tal dank seiner landwirtschaftlichen Produktion geworden; dem Fruchtgarten Amerikas hatte Kalifornien einen Großteil seines Wohlstands zu verdanken.

Es gab aber auch Zeiten, da war das weite Tal im Winter schlichtweg zu kalt und im Sommer zu heiß für eine Nutzung durch den Menschen, die Züchtung großer Rinder- und Schafherden ausgenommen. Im 20. Jahrhundert jedoch, als im Zuge des New Deal die Roosevelt-Regierung Heerscharen von Arbeitern aus der Zeit der Großen Depression wieder in Lohn und Brot brachte, begann man mit umfangreichen Erschließungsmaßnahmen, etwa der Zähmung des Sacramento River; statt gemächlich weiter in Richtung Süden zu mäandern, musste er von nun an bei Sacramento scharf nach Westen abbiegen, um die letzten 80 Kilometer bis zur San Francisco Bay zurückzulegen. Gesteuert wurden diese Maßnahmen im Rahmen des Central Valley Projects (CVP), eines Energie- und Wassermanagementprojekts, das 1933 seine Arbeit aufnahm. Erklärtes Ziel der Ingenieure war es, Wasser aus dem Norden in die trockenere Südhälfte des Tales zu leiten, und zwar durch den Bau riesiger Düker, Wasserunter- und -überführungen, Aquädukte und neuer, künstlicher Wasserläufe. Das Unternehmen war ein voller Erfolg. Mit diesem Vorgehen hat sich das Wesen der Agrarwirtschaft und der Nahrungsmittelproduktion in Amerika fundamental verändert.

Ehemals wertloses Grasland bekam von nun an Wasser – und Wert. Die riesigen Rinderfarmen des Südens machten Pflanzen Platz, die erheblich mehr Geld einbrachten: Obst und schließlich auch Gemüse. Nach wie vor brannte von April bis Oktober die Sonne vom Himmel, aber da jetzt reichlich Wasser vorhanden war, wuchsen die Pflanzen schnell; es wurde geerntet und noch einmal neu gepflanzt. Bahnlinien brachten Früchte und Gemüse nach Los Angeles oder Sacramento, von wo aus das ganze Land beliefert wurde. Nun konnte man frisches Gemüse nicht mehr nur im Herbst genießen. Schon bevor der Schnee im Osten und im Mittleren Westen verschwunden war, lag es auf den Märkten aus, und dies zu Preisen, die für alle erschwinglich waren. Obst- und Gemüsebau blieb nicht der einzige florierende Bereich. Durch das neue Wasser konnten auch neue und produktivere Rinder- und Schaffarmen entstehen, und zwar in den Gebieten, in denen wasserintensiver Anbau nicht mehr möglich oder rentabel war. Dank gewaltiger Sprinkleranlagen wuchs jedoch genug

Gras, damit Schafe und Rinder in kurzer Zeit fett wurden. Im bislang verschlafenen Städtchen Coalinga entstanden gigantische Lagerhallen und Schlachthäuser, deren Gestank sich bis in den letzten Winkel des San Joaquin Valley ausbreitete.

Aus einem ehemals wüsten Landstrich war ein Einkommens-paradies geworden; doch in jedem Paradies gibt es auch Schlangen. Die größte davon existiert in Gestalt einer einfachen chemischen Verbindung, die wir bereits kennengelernt haben: Salz – nur dass es im jetzt zu schildernden Fall vom Meer kommt und sich mit dessen Anstieg gegen das Land vorarbeitet.

Das Eindringen des Salzes

Die Dämme, die Tausende von Meilen lang um das gemeinsame Mündungsgebiet der Flüsse Sacramento und San Joaquin gebaut wurden, formten aus einem ehemals ausgedehnten Sumpfgebiet einen gigantischen, von Menschen gemachten und von Menschen kontrol-lierten See. Beim Trockenlegen der Sümpfe schufen die Ingenieure, die hauptsächlich vom Pionierkorps des Heeres der Vereinigten Staaten geleitet wurden, Dutzende von Inseln innerhalb »des Deltas«. Die Delta-Inseln sind keine dauerhaften Strukturen; durch Absinken und Humusverlust verlieren sie rund zwei bis drei Zentimeter an Höhe pro Jahr, und die Dämme sind ebenfalls nicht für die Ewig-keit errichtet. Kommt es zu einem größeren Dammbruch, wird das Wasser so schnell und mit derart viel Getöse einströmen, dass der Eindruck entsteht, es ergieße sich ein Wasserfall über die Inseln. Die Gewalt eines solchen Dammbruchs ist ungeheuerlich – und man kann nichts dagegen tun.

Es gibt zwar heute ein System von Kanälen und Pumpen, das all das kostbare Wasser, das sich ins Sacramento-San Joaquin River Delta (manchmal auch als California Delta bezeichnet) hinein- und hinausbewegt, mit großer Sorgfalt reguliert. Jedoch liegt das Binnendelta auf Meereshöhe (manche Gebiete mittlerweile sogar darunter), und obwohl es sich in weiter Entfernung vom Meerwasser der San Francisco Bay befindet, treibt der starke Gezeitenwechsel das Salzwasser bis in das Delta hinauf, wo es sich mit dem Süßwasser der Flüsse mischt. Sherman Island, eine der größten Inseln des Deltas, liegt genau dort, wo Salzwasser auf Süßwasser trifft. Noch bevor es so weit ist und das Wasser durch die Vermischung mit Salz für den menschlichen Genuss und die Verwendung in der Landwirtschaft unbrauchbar wird, sind große Pumpen damit beschäftigt, das Süßwasser zu sammeln und dorthin zu bringen, wo es gebraucht wird: nach Süden in die über 12.000 Quadratkilometer große agrarwirtschaftliche Fläche im San Joaquin Valley und zu den über 20 Millionen Menschen im südlichen Kalifornien oder nach Westen, wo die vier Millionen Menschen in der Bay Area von San Francisco leben.

Am Übergangsbereich zwischen dem Meer und seinen Zuflüssen treffen nicht nur Salz- und Süßwasser aufeinander. Ebbe und Flut sorgen dafür, dass in diesen Bereichen starke Kräfte wirksam sind. Überließe man das Ökosystem sich selbst, würde sich ein natürliches, wenn auch extrem dynamisches Gleichgewicht einstellen. Das Steigen und Fallen des Meeresspiegels war in den letzten 2,5 Millionen Jahren ein steter, sich wiederholender Prozess. Die Stelle, an der das Wasser aus dem Meer auf das der Flüsse traf, hat sich immer wieder verlagert. Bedingungen, die über Jahrhunderte gleich bleiben, sind in der Natur nicht vorgesehen. Seit die Täler von San Joaquin und Sacramento zu Standorten einer multimilliardenschweren Agrarindustrie geworden sind, wurde die Natur zurückgedrängt und »bezwungen« – so jedenfalls sehen es die Menschen dort. Doch das Gleichgewicht zwischen Salz- und Süßwasser blieb immer fragil, es verlangte ständige Regulierung und zu allen Zeiten ausreichende Mengen an Süßwasser, um das Salzwasser zurückzudrängen.

Die moderne Geschichte des Deltas zeigt tiefgreifende Veränderungen, die mit der Besiedlung durch die Europäer im ausgehenden

18. Jahrhundert begannen. Innerhalb weniger Jahrzehnte entwickelte sich das Gebiet aus einer Gegend, in der die amerikanischen Ureinwohner (im Wesentlichen Miwok- und Wintun-Stämme) als Fischer, Jäger und Sammler lebten, zunächst in ein Verkehrsnetzwerk für Entdecker und Siedler, dann in eine bedeutsame Ressource für die kalifornische Landwirtschaft und schließlich zum Zentrum des Wasserversorgungssystems für die Agrarwirtschaft des San Joaquin Valley und die Städte in Südkalifornien. Wesentliche Voraussetzung für diese Transformationen war die Umwandlung großer Gezeitenmarschgebiete in von Dämmen umgebene Ackerlandinseln. Als die Europäer ankamen, waren fast 60 Prozent der Fläche des Deltas gezeitenbeeinflusst, Springfluten konnten es jederzeit ganz unter Wasser setzen. Große Bereiche waren zudem jahreszeitlicher Überflutung durch die Flüsse ausgesetzt. Zur vorherrschenden Vegetation gehörten Teichbinsen und damit Pflanzen, die an sumpfig-brackische Verhältnisse angepasst sind. Auf höher gelegenem Gelände, also auch auf den zahlreichen natürlichen, aus Schlickablagerungen gebildeten Dämmen, wuchs derbes Gras, Weiden, Brombeeren und Gestrüpp aus wilden Rosen; dazu Baumreihen aus Eichen, Bergahorn, Erlen, Walnussbäumen und Pappeln. Von diesen frühen Pflanzen sind nur wenige Spuren geblieben; Landwirtschaft und Verstädterung haben das meiste verschwinden lassen und die einheimischen Pflanzen durch eingeschleppte Arten ersetzt.

Während des 20. Jahrhunderts machte der kontinuierliche Salzeintrag aus der Bucht von San Francisco über die Suisun Bay in das Sacramento-San Joaquin Delta Probleme, insbesondere für die Städte Antioch und Pittsburg, die für ihre Landwirtschaft und Industrie auf das Wasser in der Nähe angewiesen waren. Wenn das Wasser nicht mit einer Rate von mindestens 90 Kubikmeter pro Sekunde gegen die Flut an Antioch vorbeifloss, drang Salzwasser in das Delta ein und verringerte die Wasserqualität. Zwischen 1919 und 1924 führte der Zufluss von Salzwasser in die Suisun Bay zu massiven biologischen Veränderungen, unter anderem zur Invasion des Schiffsbohrwurms, eines Holzschädlings, bei dem es sich – anders als sein Name vermuten lässt - nicht um einen Wurm, sondern um eine Muschel handelt. Im ersten Drittel des 20. Jahrhunderts zerstörte das salztolerante Tier Anlegeplätze und Pfahlkonstruktionen in der Bay im Wert von 25 Millionen Dollar. Im Jahr 1924 sank das Wasser auf den geringsten je gemeldeten Durchfluss, und der Salzgehalt stieg so stark an, dass das Wasser über Monate hin nicht mehr verwendet werden konnte.

Grundsätzlich ist das Eindringen von Salzwasser in küstennahe Grundwasserleiter ein normaler Vorgang, da Salzwasser eine höhere Dichte als Süßwasser aufweist. Steigende Meere und hohe Entnahmen von Grundwasser im Hinterland führen jedoch zur Zunahme von Salzwasserintrusionen, weil das ohnehin labile hydraulische Gleichgewicht gestört wird: Wird Süßwasser schneller abgezogen als es wieder aufgefüllt werden kann, sinkt der Grundwasserspiegel, und Salzwasser dringt dem hydraulischen Gefälle folgend in den Aquifer ein. Dazu kommt in vielen Regionen, dass der Klimawandel auch auf die Hydrologie der Flüsse und Bäche Einfluss nimmt. Die spezifische Situation im Great Valley ist in vielen Regionen anzutreffen: fällt immer weniger Niederschlag als Schnee, fehlt der Schmelzwasserabfluss im Sommer und es gelingt dem Flusswasser nicht mehr, die Oberhand gegenüber dem Salzwasser zu gewinnen – und eine wichtige hydraulische Barriere verliert ihre Wirksamkeit.

Wie dramatisch weltweit die Situation rund um die Salzwasserintrusion aus dem Meer ist, darüber hat die Journalistin Heike Janßen bereits 2014 berichtet.[6] Von immer weiter vordringendem Salzwasser den Nil hinauf ist dort zu lesen, vom Mekong, der »Reiskammer Vietnams«, bei dem die Salzfront schon 30 bis 40 Kilometer flussaufwärts vorgedrungen ist, und vom Gazastreifen, in dem 90 Prozent der Brunnen versalzen sind und »viele Babys blaue Hände und Füße [haben] oder violette Verfärbungen um den Mund. Ihr Blut kann nicht genug Sauerstoff transportieren, weil sich Nitrate eingelagert haben – Salze aus dem Trinkwasser.« Die Diagnose ist eindeutig: Hier tickt eine Zeitbombe, von der – wieder einmal – vor allem die armen Länder des Südens betroffen sein werden.

Doch der Anstieg der Meere wird auch den reichen Norden nicht verschonen, auch wenn Länder wie die Niederlande oder Deutschland über eine funktionierende, zentral organisierte Wasserversorgung verfügen, die penibel über die Vorräte wacht und die Wasserqualität im Auge behält. In Deutschland sorgt ein dauerfeuchtes Klima (noch) dafür, dass Grund- und Oberflächenwasser reichlich zur Verfügung stehen. Doch auch hier wird ein Kampf geführt werden müssen, damit das Salz entlang der Nordseeküste nicht tiefer ins Landesinnere vordringt. Die wertvollen Süßwasserlinsen ostfriesischer Inseln wie Norderney, Langeoog und Borkum sind schon heute bedroht und stehen daher unter besonderer Beobachtung von Ingenieuren und Wissenschaftlern.

KAPITEL 5

Grönland, Antarktis und der Meeresspiegel

Grönland, 2415 n. Chr., CO_2 bei 1.300 ppm

Unter Schwierigkeiten kletterte der Geologe über den hohen Kieshügel am Ende der Moräne; dabei rutschte er auf dem lockeren Material aus, das der rapide zurückweichende Gletscher hinterlassen hatte. Noch vor einem guten Jahrhundert war hier ein großer Eisschild gelegen, allem Anschein nach fest im Felsuntergrund verankert. Jetzt war alles nur noch Kies und Geröll. Unter dem aufgehäuften Schotter war nur hier und da etwas Felsgestein zu sehen, stark gefurcht und von Gletscherschrammen überzogen. Mit einem geübten Schwung seines Hammers schlug der alte Geologe ein Stück von dem Felsen ab. Es war tatsächlich Sedimentgestein, sehr alt, abgelagert im Paläozoikum vor einer halben Milliarde von Jahren. Bei näherem Hinsehen entdeckte er die auffallenden Trilobiten, gegliederte Fossilien, die ein bisschen aussahen wie die Pfeilschwanzkrebse von heute.

Er korrigierte sich: Sie sahen aus wie die letzten Pfeilschwanzkrebse, die seit mindestens 50 Jahren ausgestorben waren. Geologen hatten ihre Zeitskala immer über die im sedimentären Gestein entdeckten Fossilien definiert, selbst als die sehr genaue radiometrische Datierung erfunden worden war. Die Geologie war eine historische Wissenschaft, immer noch streng in der Tradition verhaftet. Auf der ganzen Welt betrachteten die Geologen aber das Datum 2100 informell als das Ende einer der drei traditionellen Ären, des Känozoikums. Das Artensterben hatte im 21. Jahrhundert derart an Fahrt aufgenommen, dass man den Beginn einer neuen Ära beschloss, man suchte nur noch nach einem geeigneten Marker im Gestein. In einer irrwitzig aufgeheizten Welt ging es nur noch darum, zu überleben und Nahrung zu finden.

Er warf die Materialprobe in den Beutel, band ihn zu und beschriftete ihn. Nach den aus der skandinavischen Provinz stammenden Trilobiten (Olenidae) zu urteilen, handelte es sich bei der Probe um Gestein aus dem Ordovizium. Aber er war nicht wegen der Fossilien gekommen. Er gehörte zur ersten geologischen Forschungsgruppe, die mit einem Unterseeboot zum Ausgrabungsort gebracht wurde, im Schutz der kurzen Sommernacht. Dunkler als in diesem satten Zwielicht wurde es nicht. Er bückte sich und schlug ein weiteres Stück Fels ab. Wieder fanden sich zahlreiche Trilobiten, auf diesem Stück aber auch zweischalige Armfüßer. Mit seinem Hammer kratzte er die Fossilien heraus, die allesamt von einer dicken gelben Patina überzogen waren.

Diese gelbe Kruste war im gesamten Aufschluss zu finden. Er legte seine Probe hin, schälte sich aus seinem Rucksack und holte sein allerwichtigstes Instrument heraus. Das Gerät, an dem eine stabähnliche Sonde angebracht war, war schnell eingeschaltet und kalibriert. Er drückte die Sonde fest auf die Probe und sofort schlug der Zeiger des Geräts nach rechts bis zum Maximum auf der Geräteskala aus. Das war mehr, als sie zu hoffen gewagt hatten. Er dreht einen anderen Knopf und der Audiodetektor sprang an. Ein knackendes Stakkato erfüllte die Luft, wie von hundert Trommlern in einer Militärkapelle auf dem Roten Platz in Moskau. Zufrieden schaltete er den Geigerzähler ab. Dies war eine reiche Uranlagerstätte, mit derart viel Yellowcake, dass das Raffinieren kein Problem sein würde. Die Vorstellung, dass dieser Reichtum, möglicherweise eine der größten, bislang noch nicht entdeckten Uranadern auf der Erde, bis vor Kurzem hier unter dem Eis verborgen war, erfüllte ihn mit einem wohligen Schauer. Er tastete noch einmal nach dem gefälschten Pass in seiner wattierten Tasche. Den brauchte er, falls man sie erwischte. Er glaubte allerdings nicht, dass die Dänen mit einer derart dreisten Erkundungsaktion eines anderen Landes rechneten. Schließlich hatte Dänemark den Anspruch auf Grönland schon vor Jahrhunderten erhoben.

Der Geologe steckte seine Ausrüstung wieder in den Rucksack und befahl seinen Leuten mit lauter Stimme, weiterzugehen. Sie hatten noch viele Quadratkilometer zu erforschen, hier im neu auftauchenden Grönland, auf der Suche nach weiteren Vorkommen des wertvollen Urans und vielleicht noch anderer schwerer Elemente, die anderswo auf der Erde kaum mehr zu finden waren. »Vorwärts«, rief er – auf Russisch. Die Dänen sollten sich ruhig beklagen, wenn sie irgendwann herausfanden, dass dieser Teil von Grönland neuerdings als russisches Territorium beansprucht wurde. Schließlich hatte Russland sein Atomwaffenarsenal behalten. Das hier war ein Kampf jeder gegen jeden, und Russland war der Stärkste von allen.

Aus dem Leben großer Eisschilde

In diesem Kapitel wollen wir uns die Quelle des ansteigenden Meerwassers ansehen, die großen Eismassen auf dem Land. Dabei werden wir einem Vorgang begegnen, der viel weniger bekannt ist und von dem man erst seit relativ kurzer Zeit weiß, dass er nicht rein hypothetisch ist. Dieser Vorgang ist mehr als alles andere dazu geeignet, eine Kurzzeitkatastrophe auszulösen, durch einen anhaltenden, extrem schnellen Meeresspiegelanstieg, der nicht wieder abebbt wie die Flut eines Tsunami. Diese Katastrophe (denn eine solche würde es sein)

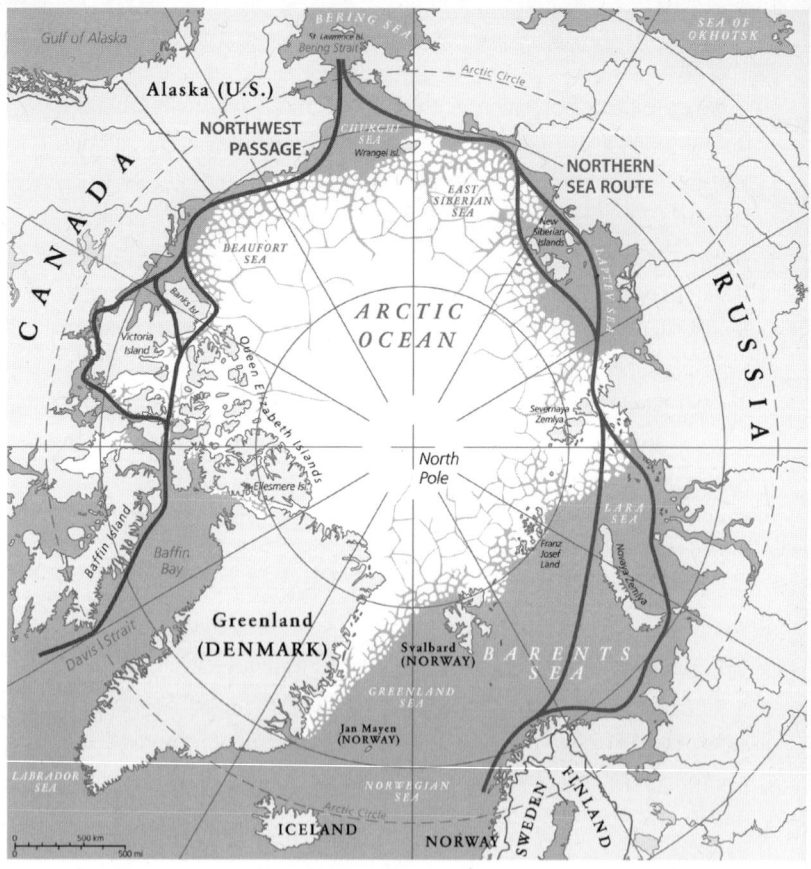

34 Übersichtskarte der Arktis mit Nordwest- (links) und Nordostpassage (rechts), die 2008 erstmals beide eisfrei waren.

ist der Kollaps eines Eisschilds. Die am meisten gefährdete Gegend für das Eintreten eines solchen Zusammenbruchs befindet sich in der Westantarktis, deren Eismassen eine der umfangreichsten Reserven von gefrorenem Wasser auf der Erde darstellen. Diejenigen, die vor der globalen Erwärmung warnen, hatten dieses Eis lange Zeit dafür benutzt, Ängste zu schüren; sich selbst beruhigten sie damit, dass noch nie nachgewiesen wurde, dass ein derart rascher Kollaps eines Eischilds überhaupt möglich war.

Das alles änderte sich im Jahr 2009. Damals fand man heraus, dass es so etwas schon einmal gegeben hatte – und zwar in der Antarktis, in einer Periode rascher globaler Erwärmung, die vor etwa einer Million Jahren stattfand.[1] Der Zusammenbruch eines Eisschilds war nun nicht mehr länger hypothetisch, sondern real. In diesem Kapitel wollen wir die großen Eisschilde betrachten: wie sie sich bilden, wie sie schmelzen und wie sie kollabieren. Am Schluss wollen wir darüber nachdenken, wie das Schicksal von Grönland und Antarktika aussehen könnte, zweier Landflächen, die jetzt mit Eis bedeckt sind, die aber, wenn das Eis teilweise oder ganz verschwunden ist, neue wirtschaftliche Möglichkeiten bieten werden. Ob das geschieht, und wenn ja, wann, wird vom Schicksal der großen Eisschilde bestimmt. Alle Schätzungen zum Anstieg des Meeresspiegels werden vom künftigen Verhalten der Eismassen auf Grönland und Antarktika beeinflusst, umso mehr müssen wir verstehen, wie große Eisschilde »funktionieren«.

Es herrscht oft Verwirrung darüber, wie sich Eisschilde und Eiskappen unterscheiden. Dabei ist es ganz einfach: Erstere sind größer als 50.000 Quadratkilometer, Letztere kleiner. Man sollte meinen, dass es der sich beschleunigende Anstieg der Treibhausgase ist, der letztlich über das Schicksal der Eismassen am Nord- und Südpol und damit über unser Schicksal entscheidet. Aber viel hängt auch von Prozessen ab, die möglicherweise nicht linear ablaufen. Die größte, kurzfristige Gefahr liegt tatsächlich darin, dass ein großer Teil des Westantarktischen Eisschilds »zerfallen« und einen Anstieg der Meere um fünf Meter auslösen könnte – innerhalb von wenigen Jahrzehnten. Bevor wir uns dieser Frage zuwenden, wollen wir uns jedoch erst einmal ansehen, was ein Eisschild überhaupt ist und welche Faktoren darüber bestimmen, ob Eisschilde wachsen oder abnehmen.

Zuerst sind Eisschilde Landphänomene. Es gibt natürlich auch Meereis, aber dieses Eis beeinflusst den Meeresspiegel nicht –

ob es sich nun ausdehnt oder verschwindet (was im Arktischen Ozean derzeit der Fall ist, und zwar in großer Geschwindigkeit). Schmilzt hingegen Festlandeis, ergießt sich das Schmelzwasser in die Ozeane, entweder sofort (wenn der Eisschild sich bis zur Küste erstreckt) oder im Lauf der Zeit über die Flüsse (dies geschieht derzeit mit wachsender Geschwindigkeit in der Nordatlantikregion). Damit ein Eisschild entsteht, muss die Akkumulation im Winter höher sein als das Schmelzen (die sogenannte Ablation) im Sommer. Wenn die Ablation das Wachstum genau ausbalanciert, sagt man, der Eisschild befindet sich im Gleichgewicht. Weil polare Sommer (fast den ganzen Tag über hell) und Winter (fast den ganzen Tag über dunkel) so verschieden sind, weisen die Eiskappen ihre mit Abstand größte Akkumulation im Winter auf, wenn die Temperaturen am niedrigsten sind. Die Nettowachstumsrate ist dabei sehr niedrig. Selbst wenn die Bedingungen für Akkumulation günstig sind, kann das Anwachsen zur Größe eines Eisschilds Tausende Jahre dauern.

Große Eismassen sind schwer und sorgen dafür, dass sich das Land unter ihnen senkt, wodurch sich die Akkumulation verlangsamt. Genau das Gegenteil geschieht, wenn sie schmelzen – dann federt das Land im Zuge der sogenannten isostatischen Hebung wieder zurück (wie das seit Ende der letzten Eiszeit z.B. mit der skandinavischen Halbinsel geschieht). Eisschilde wachsen wie Sedimentgesteine – nach oben. Anders als bei Gesteinen wird das Eiswachstum massiv von der Sonneneinstrahlung beeinflusst, der sogenannten Insolation. In größeren Meereshöhen akkumuliert mehr Eis, weil es dort kälter ist. Darüber hinaus produziert die Akkumulation des Eises eine »positive Rückkopplung«: wächst der Eisschild (irgendwann auch in die Fläche), wird immer mehr Sonnenlicht reflektiert, denn besser als alles andere erhöhen helle Farben und damit weißes Eis die Albedo, also denjenigen Anteil des Sonnenlichts, der zurück in den Weltraum geworfen wird. Dadurch sinken die Temperaturen etwas und führen so zu einer leichten Erhöhung der Akkumulationsrate.

Interessanterweise variieren Akkumulation und Ablation stark mit den sie steuernden Rahmenbedingungen. Die Akkumulation steigt, je kälter es wird, bleibt bei Raten von rund 15 Zentimeter pro Jahr aber stabil. Ablation vollzieht sich nach einem anderen Muster. Bei Temperaturen unter minus 17 Grad Celsius findet keine Netto-ablation statt. Kommen wir in ein Temperaturfenster zwischen minus 9 Grad Celsius und 0 Grad Celsius, steigen die Schmelzprozesse sehr schnell an. Bei minus 5 Grad Celsius liegt wohl ein Kipppunkt, an dem sich das Verhältnis von Akkumulation zu Ablation drastisch verändert.[2] Dies erscheint seltsam, weil Eis normalerweise erst bei höheren Temperaturen schmilzt. Ein Eisschild ist aber kein Eiswürfel. Hier sind auch andere Kräfte am Werk.

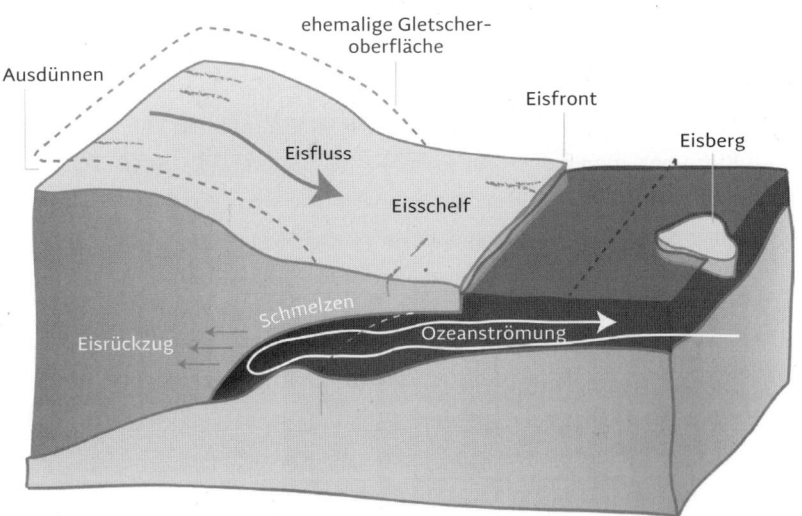

35 Schematische Darstellung glaziologischer und ozeanografischer Prozesse an der (ant-)arktischen Küste: Das Eis dünnt von oben und von unten aus, es kommt zum Abbrechen von Schelfeis und zu erhöhtem Eisfluss.

Eine Veränderung der Fläche der großen Eismassen hat große Auswirkung auf die globale Temperatur. Während Sonnenlicht von Eis reflektiert wird, wird es vom Wasser absorbiert. Wenn also die Eisschilde in Kälteperioden anwachsen, erzeugen sie eine positive Rückkopplung und es wird noch kälter. Neue Untersuchungen zu den Mechanismen des Gletscherschwunds an der Küste von Grönland lassen vermuten, dass ein steigender Meeresspiegel seine eigene Form positiver Rückkopplung produziert. Steigt das Meer, beschleunigt sich die Gletscherschmelze, wodurch der Meeresspiegel noch weiter ansteigt. Es scheint, als wären im Falle des Schwindens des grönländischen Eisschilds mindestens drei Mechanismen beteiligt: Oberflächenschmelzen sowie ein verringerter Eisnachschub aus dem Nährgebiet (jeweils durch höhere Temperaturen) und basales Schmelzen (durch wärmer werdendes Meerwasser).

Macht Grönland seinem Namen bald wieder Ehre?

Für diejenigen, die regelmäßig die Großkreisroute von London in Richtung der nordamerikanischen Westküste fliegen, ist Grönland ein vertrauter Anblick: Wenn man am späten Vormittag London verlässt, fliegt man am Nachmittag über die riesige trostlose grönländische Landschaft. Nirgends ein Hauch von Grün – alles ist Schnee, Eis und Fels. Und mit Sicherheit ist es dort unten frostig: Die Nordspitze von Grönland liegt nicht weiter als 730 Kilometer vom Nordpol entfernt. Die Meere und Wasserstraßen rund um Grönland – der Nordatlantik, der Arktische Ozean, die Davisstraße und die Dänemarkstraße – sind allesamt kalt und man kann überall Eisberge sehen. Grönlands Fläche umfasst knapp 2,5 Millionen Quadratkilometer und ist zu 85 Prozent von Eis bedeckt. Das Land selbst ist geografisch von eigenartiger Gestalt. Die Küste ist gebirgig und wird von unzähligen Fjorden durchschnitten. In die Fjorde hinein ragen immer wieder

Gletscher. Es sieht aus, als ragten tausend Abflussrohre aus einer riesigen Schüssel, randvoll mit schmelzendem Eis, und aus jedem »Rohr« ergießt sich Schmelzwasser ins Meer.

Das extreme Klima, mit Wintertemperaturen von bis zu minus 60 Grad Celsius, stellt für das Leben eine Herausforderung dar. Die Sommer sind deutlich wärmer, mit Höchsttemperaturen bis zu 24 Grad. Diese Sommer sind aber kurz und flüchtig, während die Winterdunkelheit und die fast 24 Stunden dauernde Nacht der extrem hohen Breiten schon ungeduldig vor der Tür stehen. Nichtsdestotrotz gibt es in den Sommern genug Licht und Wärme, damit eine bescheidene Flora existieren kann. Ebenso anzutreffen sind Vögel und Säugetiere, zum Teil sogar sehr große wie Moschusochsen, Eisbären, Wölfe und Rentiere. Fast alle diese Tiere und Pflanzen leben auf einem schmalen Küstensaum an der äußersten Südwestküste der riesigen Insel, dort, wo es mit Abstand am wärmsten ist.

Es gibt auch Menschen auf Grönland, und auch sie leben fast alle an der Südküste. Die meisten sind Inuit, die heutigen Nachkommen der abgehärteten ersten menschlichen Bewohner, die sich viele Jahrtausende lang von diesem Land ernährten. Aber es gibt auch viele Dänen, da Grönland politisch schon seit langer Zeit zu Dänemark gehört. Die bedeutendste Industrie ist die Fischerei, da Landwirtschaft nur auf einem winzigen Prozent der Fläche möglich ist. Es besteht kein Zweifel, dass der Eisschild auf Grönland bereits auf die aktuelle Erwärmung reagiert, aber wie schnell und auf welche Weise er abschmilzt, weiß im Detail niemand. Es gibt so viele Variablen – und so wenig Zeit, um sie alle zu identifizieren.

Zweifellos hängen die großen Eisschilde von Grönland und Antarktika wie Damoklesschwerter über unseren Köpfen. Bleiben sie oder schmelzen sie nur langsam, kann alles gut werden. Das Eis würde dann einen nur kleinen Zusatzbeitrag zur thermischen Ausdehnung des Ozeans aufgrund der steigenden Meerestemperaturen liefern. Aber Grönland ohne Eis wäre ein anderes, viel wärmeres

Land, da sich die eisfreie Landoberfläche in geringerer Höhe befindet und weniger Sonnenlicht reflektiert. Es gibt Forschungsergebnisse, die zeigen, dass ein kompletter Eisverlust Grönlands für lange Zeit zementiert wäre. Selbst wenn die atmosphärische Zusammensetzung und das globale Klima zu vorindustriellen Bedingungen zurückkehren würden, könnte die Eisdecke möglicherweise nicht regeneriert werden, was impliziert, dass der Anstieg des Meeresspiegels irreversibel sein könnte.[3] An welchem Punkt also wird die Schmelzrate gefährlich?

Mit einem Volumen von rund drei Millionen Kubikkilometern und einer Mächtigkeit von bis zu 3.350 Meter enthält der Grönlandeisschild eine ungeheure Menge an Süßwasser. Würde er komplett schmelzen, stiege der Meeresspiegel um sieben bis acht Meter an. Wie lange das dauern könnte, steht im Zentrum einer kontroversen Debatte und gehört zu den schwierigsten der immer noch ungelösten Fragen in Bezug auf Rate und Ausmaß des Meeresspiegelanstiegs. Abhängig vom Ausmaß der zukünftigen Erwärmung gehen manche Schätzungen von einem totalen Abschmelzen in tausend oder mehreren Tausend Jahren aus – sollte das Schmelzen der einzige Mechanismus sein, über den der Eisschild an Masse verliert (es gibt aber, wie wir gehört haben, noch andere Mechanismen als »simples« Schmelzen).

In den letzten Jahren haben mehrere Forscherteams daran gearbeitet, die aktuelle und zukünftige Entwicklung des Grönlandeises zu quantifizieren. Jason Briner und Kollegen berechneten, wie sich der südwestliche Bereich des Eisschilds während der letzten 12.000 Jahre verändert hat – ein Gebiet, das als repräsentativ für den Eispanzer der gesamten Insel gilt. Die Forscher kommen zum Ergebnis, dass der Massenverlust der letzten beiden Jahrzehnte vergleichbar ist mit intensivem Abschmelzen, wie es vor 10.000 bis 7.000 Jahren auftrat. Mit dem gleichen Modell warfen die Forscher einen Blick in die Zukunft. Allein der südwestliche Teil von Grönland wird danach im

21. Jahrhundert zwischen 8.800 und 35.900 Milliarden Tonnen Eis verlieren, was einem Anstieg des Meeresspiegels um 2 bis 10 Zentimeter entspräche.[4]

Forscher aus Fairbanks, Alaska, versuchten die zukünftige Entwicklung mit einem glaziologischen Modell vorherzusagen, welches die Entwicklung der Eisgeometrie und des Eisflusses simuliert.[5] Die Ergebnisse zeigen, dass die Eisdecke bei anhaltend hohen Emissionen (ICCP-Pfad RCP 8.5) innerhalb eines Jahrtausends verschwunden sein wird (siehe Abbildung). Bis zum Jahr 2100 wird schmelzendes Grönlandeis den Meeresspiegel um 5 bis 33 Zentimeter erhöhen.

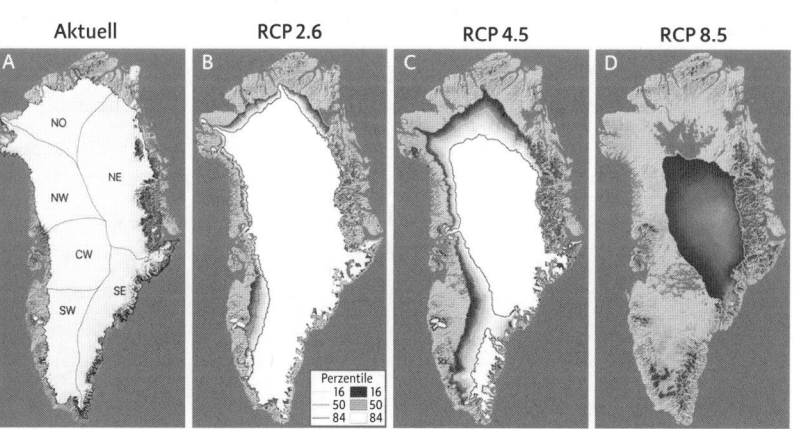

36 In tausend Jahren wird der grönländische Eisschild anders aussehen als heute (A). Je nach Emissionsszenario hat die Eisdecke unterschiedliche Massenanteile verloren: 8 bis zu 25 Prozent beim Szenario »RCP 2.6« (B), 26 bis 57 Prozent (C, RCP 4.5) oder 72 bis 100 Prozent (D) beim Szenario RCP 8.5.

Einige Gletscher, die den Grönlandeisschild ins Meer hinein »entwässern«, gehören schon länger zu den am schnellsten fließenden Gletschern auf der Erde; doch in den letzten Jahren hat sich ihre Geschwindigkeit zum Teil verdoppelt. Dazu kommt, dass das Oberflächenschmelzen eine größere Fläche erfasst hat als zu irgendeinem anderen Zeitpunkt seit 1979, als man mit systematischem Satelliten-monitoring begann. Diese beiden Veränderungen – das Schmelzen von oben her und der beschleunigte Eisstrom ins Meer – erhöhen den Massenverlust des Eisschilds (weshalb die Schätzungen des IPCC zum globalen Meeresanstieg mit Sicherheit zu tief angesetzt sind). Etwa die Hälfte der Abflussmenge entstammt zwölf schnell fließenden Auslass-gletschern. Diese sind an ihrem Ende zwischen zehn und zwanzig Kilo-meter breit und verfügen über ein Einzugsgebiet im Inneren der Insel, das zwischen 50.000 und über 100.000 Quadratkilometer umfasst. Die Empfindlichkeit dieser Gletscher gegenüber der aktuellen Erwärmung wird ein wichtiger Faktor sein, wenn es darum geht abzuschätzen, wie es mit dem grönländischen Eisschild insgesamt weitergeht.

Schon in den Jahren 2007/08 wurden an einigen dieser Gletscher deutliche Veränderungen beobachtet: Das Eis an den Gletscherenden wird dünner, schwimmende Zungen brechen ab, Fließgeschwindig-keiten nehmen zu. Infolgedessen ist mehr Eis verloren gegangen und das Massendefizit des Eisschilds von etwas mehr als 50 Kubikkilo-metern pro Jahr auf über 150 Kubikkilometer angewachsen. Zwei der größeren Auslassgletscher, Jakobshavn Isbrae im Westen und Kangerdlugssuaq an der Ostküste von Grönland, liegen südlich des 70. nördlichen Breitengrades und werden daher mutmaßlich stärker von der Erwärmung betroffen sein als die anderen zehn. Mit Fließ-geschwindigkeiten von 7.000 Metern pro Jahr gilt Jakobshavn Isbrae als der am schnellsten fließende Eisstrom der Welt. Wissenschaftler haben einige Jahre lang gemessen und festgestellt, dass sich seine Geschwindigkeit seit den ausgehenden 1990er-Jahren kontinuier-lich erhöht hat. Im Sommer 2012 wurde mit knapp 47 Metern pro Tag die bisher höchste Fließgeschwindigkeit gemessen. Die über das Jahr 2012 gemittelte Geschwindigkeit war durchschnittlich dreimal so hoch wie Mitte der 1990er-Jahre.[6]

Alle diese Beobachtungen haben die Frage aufgeworfen, ob es zwischen immer schnellerem Eisfluss und immer dünner werden-

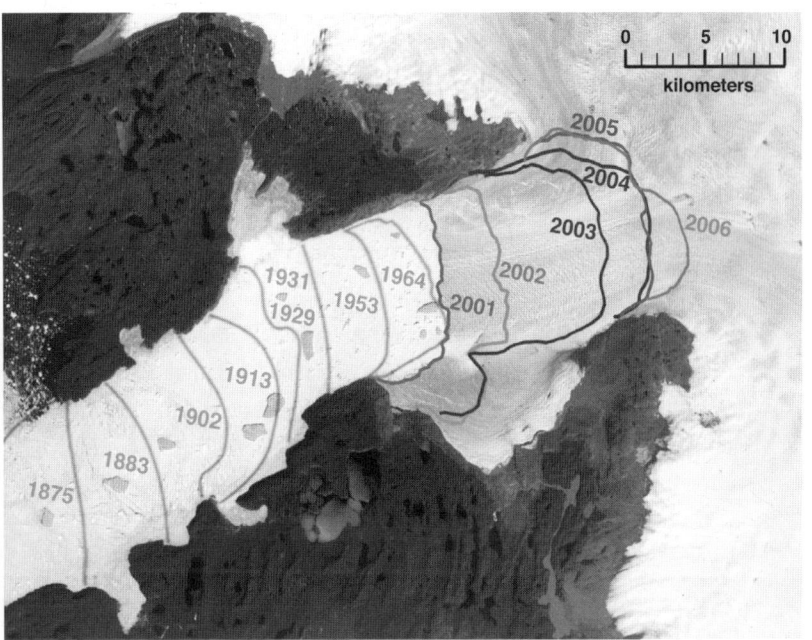

37 Der Jakobshavn-Gletscher Grönlands gilt als einer der am schnellsten fließenden Eisströme der Welt. Die Abbildung zeigt die Veränderung der Lage der Kalbungsfront zwischen 1875 und 2006.

dem Eis Zusammenhänge gibt. Lange dachte man, die Erhöhung der Geschwindigkeit ließe sich am besten durch die Verringerung der Reibung an der Gletscherbasis erklären, weil dort immer mehr Schmelzwasser anfällt. Neue Forschungsergebnisse zeigen allerdings, dass hier noch etwas anderes im Spiel sein könnte. Wie es aussieht, wird die Geschwindigkeit genau von derjenigen Rate bestimmt, mit der das Gletscherende Eis ins Meer abgibt (also kalbt). Und wenn (dünneres) Eis (schneller) kalbt und es in der Folge wie auf einem Förderband ins Meer hinausgetragen wird, macht es dem Gletschereis, das hinter ihm kommt, Platz, sodass auch dieses Eis (schneller) die Wasserkante erreichen kann. Man nimmt an, dass dieser Prozess in Grönland etwa für die Hälfte des Massenverlusts verantwortlich ist.[7]

Aber warum wird das Eis dünner? So viel scheint klar: Stetig steigende Lufttemperaturen schmelzen den Gletscher von oben her ab. Ein zweiter Aspekt der Ausdünnung ist weniger offensichtlich, aber inzwischen aufgeklärt: Meerwasser verursacht ein Abschmelzen an der Gletscherbasis und treibt die Ausdünnung von unten voran. Auch große Gletschermassen in Antarktika, an den Schelfen Wordie, Mueller, Hones, Larsen A, Larsen B und Larsen C sind in den letzten Jahren »kollabiert« (im Juli 2017 brach ein fast 6.000 Quadratkilometer großes Stück des Larsen-C-Schelfs ab) – sie verloren ihre Beständigkeit und fielen stückweise ins Meer, um dort dann irgendwann zu schmelzen. Das alles hat mit der Ausdünnung an ihrer Basis zu tun, eine Ausdünnung, die das Meer selbst bewirkt hat.

Die Ozeane werden wärmer. Das erwärmte Wasser erhöht die Schmelzrate der Eisschildbasen und lässt sie von unten ausdünnen, während die wärmere Luft gleichzeitig von oben »angreift«. Die Gletscher kalben intensiver und fließen schneller. Die eigentliche Rückkopplung aber geschieht, wenn der Meeresspiegel steigt. Denn der sorgt dafür, dass sich der Effekt immer weiter ins Inland hinein fortsetzt – wodurch sich Ausdünnen wie Schmelzen wiederum beschleunigen. Wieder eine positive Rückkopplung: Der steigende Meeresspiegel lässt den Meeresspiegel steigen. Richard Alley, Autor zahlreicher wissenschaftlicher Publikationen über den Zusammenhang zwischen Kryosphäre und globalem Klimawandel, ist der Meinung, dass diese erhöhte Aktivität des Grönlandeisschilds die Art und Weise beeinflussen könnte, wie wir die Veränderung des Meeresspiegels einschätzen.

Wem gehört Grönland?

Seit Jahrtausenden war Grönland unzweifelhaft eine Herausforderung für die Menschen, die dort lebten. Die ältesten menschlichen Bewohner sind für eine Zeit von vor fast 5.000 Jahren nachgewiesen. Europäer etablierten sich erstmals im Mittelalter, um das Jahr 982 n. Chr., mit der Ankunft Eriks des Roten, eines tatkräftigen und ehrgeizigen Norwegers, der die gefährliche Überfahrt von Skandinavien in kleinen offenen Booten bewältigte und eine Niederlassung gründete. Zunächst entwickelte sich die Kolonie gut, denn die Erde war in eine ihrer warmen Phasen eingetreten. Ab der Mitte des 15. Jahrhunderts machte sich jedoch die sogenannte Kleine Eiszeit bemerkbar, und die letzten der zähen Wikingersiedler verließen ihre neue Heimat, die damals – wie heute auch – nicht mehr war als eine kalte, unfruchtbare Welt aus Eis. Die abgehärteten Inuits sahen sie gehen, sicherlich mit gemischten Gefühlen.

Obwohl die ersten europäischen Siedler eigentlich die Norweger waren, war es Dänemark, das als Erstes einen Anspruch auf Grönland erhob, als Missionare einen Handelsplatz an der Küste errichteten – und dieser Anspruch ist auch heute noch aktuell. Im 19. Jahrhundert wurden immer wieder Ansprüche und Gegenansprüche erhoben, selbst vonseiten der amerikanischen Regierung, aber die Dänen setzten sich durch. Heute ist die Insel ein wichtiger militärischer wie meteorologischer Außenposten für die Streitkräfte der NATO, und die gigantische Thule Air Base ist von großer strategischer Bedeutung. In den beiden letzten Jahrzehnten hat es immer lautere Forderungen nach Unabhängigkeit gegeben. Die einheimischen Siedler wollen sich von der dänischen Herrschaft befreien, während die Dänen den Ort verständlicherweise nicht aufgeben wollen, vor allem seit sie jährlich Millionen Dollar in die fragile Wirtschaft der Region pumpen.

Im Lauf der nächsten Jahrzehnte werden die Hoheitsrechte zunehmend wichtig werden, da das Grönlandeis immer mehr dahinschmilzt – und freigibt, was darunterliegt. Sogar jetzt, da das Land noch unter großflächiger Eisbedeckung liegt, haben Geologen bereits ökonomisch wertvolle Lagerstätten von Blei, Zink und Aluminium entdeckt und hoffen auf mehr. Am wertvollsten könnten die riesigen Erdölreserven sein. Schon 2006 trafen die Explorationsbohrungen auf abbauwürdige Lagerstätten, und die Regierung von Grönland, heute ein quasi autonomes dänisches Protektorat, erlaubte großen Ölgesellschaften, in immer entlegeneren Regionen Untersuchungen durchzuführen. Es ist extrem teuer, in eisbedeckten Regionen Öl zu fördern. Ein eisfreies Grönland aber könnte ein neues Erdölmekka werden, vor allem da der erwartete Preis für ein Barrel Öl am Ende dieses Jahrhunderts mit Sicherheit viel höher liegen wird als heute. Das »Ölunternehmen« Grönland würde dann genau zu dem Zeitpunkt in Betrieb gehen, wenn viele der aktuell rentablen Ölfelder im Mittleren Osten, in Südamerika, Indonesien, Afrika und Nordamerika ihre Produktion herunterfahren, weil ihr Öl bereits größtenteils in Rauch aufgegangen ist.

Und so richten sich bereits gierige Augen auf Grönland, und noch mehr auf Tiefwasserzonen vor der Küste, Gebiete, die bislang internationale Gewässer sind. Kanada, Russland, die Vereinigten Staaten, Großbritannien und mehrere skandinavische Länder versuchen alle zu begründen, warum ein Teil des arktischen Meeresbodens wegen seiner geologischen Geschichte ausgerechnet zu ihrem Territorium gehört. Viele der Ansprüche sind bestenfalls zweifelhaft und wären lächerlich, stünde nicht hinter einigen der Akteure eine gigantische, mit Atomwaffen bestückte Militärmaschine.

Antarktika, 2515 n. Chr., CO$_2$ stabilisiert, 1.500 ppm

Antarktika. Aber nicht das Antarktika, das einer, der aus dem 20. oder 21. Jahrhundert kam, sofort erkannt hätte. Der Ingenieur sah sich das Satellitenbild noch einmal an. Die Halbinsel der Westantarktis war nun stark verkürzt und vom Festland getrennt – wenn man das überhaupt noch als Festland bezeichnen konnte. Das Weddellmeer dehnte sich nun bis zum Südpol aus und verengte sich zu seinem

Endpunkt hin in langen Fjorden. Im Westen war das Ross-Schelfeis längst verschwunden, wie auch der größte Teil des Eisschilds der Westantarktis. Das Meer schwappte gegen die steilen Abhänge des Transantarktischen Gebirges, das inzwischen nur noch eine lange bergige Insel darstellte, da das Wilkesland, das früher über dem Wasser lag, nun ganz überflutet war. Es war natürlich nach wie vor eine Bergkette, aber sie reichte nun von Beardmore South bis Marble Point. Der größte Teil des Gebiets von Antarktika lag jetzt dort, wo früher Königin-Maud-Land gewesen war, und das war auch die Heimstätte der letzten kontinentalen Eisflecken auf der Erde.

Sie schmolzen rasch dahin, und das war der Grund, warum man den Ingenieur an diesen gottverlassenen Ort gebracht hatte. Er sah sich die Sache noch einmal genau an. Das letzte Merkmal auf der Karte war ein großer See, fast so groß, dass man ihn ein Meer hätte nennen können, der die Gebiete ganz im Westen von Königin-Maud-Land einnahm. Im Westen wurde diese riesige Niederung von der Shackleton Range eingefasst. Aber hier lag das Problem – durch eine immense Öffnung in der mauergleichen Festung der Shackleton Range würde sich der See bald mit Salzwasser füllen. Das steigende Meer drohte diesen Süßwassersee bereits jetzt zu überfluten. Der See nahm ständig an Größe zu und füllte die durch das kürzlich geschmolzene Eis geschaffene Senke. Der Ingenieur hatte die Aufgabe, etwas gegen die Überflutung zu unternehmen. Das »etwas«, das man ihm aufgetragen hatte, war der Bau eines Dammes, der der größte auf der Erde werden sollte.

Es hing sehr viel davon ab, ob es gelang, Lake Hope, den »See der Hoffnung«, wie man das Gewässer nannte, als Süßwassersee zu erhalten. In den letzten zehn Jahren hatte ein Schiff nach dem andern Humusboden zu der Andockstelle gebracht. Diese war zu immensen Kosten an den Hügeln entlang gebaut worden, die früher die westliche Grenze des Amery Schelfeises gebildet hatte. Die niedrigen Hügel dienten nun als Abladestelle für Millionen Tonnen Erde. Die Gegend, aus der sie stammte, war vor langer Zeit der amerikanische Mittlere Westen gewesen. Weil dort chronischer Wassermangel herrschte und Ackerbau ein Ding der Unmöglichkeit war, verkaufte das Land nun seine Erde – und manche sagten, auch seine Seele – an den neuen Antarktischen Staat. Die Schiffe waren umgebaute Öltanker, Schiffe der Art, die überall in den Trockendocks lagen, weil man sie rund um den Globus nicht mehr brauchte – es gab nicht mehr viel Öl. Die Welt brauchte neues Ackerland, und das war fast nirgends mehr zu finden. Das langsam auftauchende Antarktika war dafür geeignet und Grönland ebenso, aber beide waren mit den gleichen Problemen konfrontiert. Zum Ersten lag ein großer Teil des neuen Landes, wenn das Eis erst einmal weg war, tiefer als der Meeresspiegel und lud das Meer geradezu ein, hereinzuströmen, es sei denn, man fand technische Lösungen zur Abhilfe. Zweitens gab es wohl auf der ganzen Erde keinen schlechteren Boden als den Regolith, den das schmelzende Eis sowohl in Grönland als auch auf Antarktika zurückgelassen hatte. Über Millionen von Jahren hatte hier eine Eisdecke gelegen. Sie hatte jegliches pflanzliche Leben verhindert, das man für Humus, den organischen Bestandteil des Bodens, braucht, und einen nahezu sterilen Kontinent hinterlassen. Da halfen auch noch so große Mengen Kunstdünger nichts. Die einzige Chance war für teures Geld importierte Erde.

Der Ingenieur seufzte noch einmal. Dieser Job würde ihn für den Rest seines Lebens beschäftigen. Nach der Pensionierung könnte er vielleicht irgendwann in ein wärmeres Klima zurückkehren. An warmen Gegenden, wo man in der Sonne liegen konnte, war schließlich kein Mangel, selbst nach einem Meeresanstieg von bislang 20 Metern, dafür sorgte ein stabiler Kohlendioxidwert von 1.500 ppm. Ganz anders stand es freilich um Wasser, Energie und Nahrung.

Antarktika: begehrter Kontinent
in Pol(e)position

Auch wenn die Menge an Süßwasser, die im Grönlandeisschild gebunden ist, gewaltig ist, so ist sie doch nichts im Vergleich mit den beiden Eisschilden, die große Teile Antarktikas bedecken (dem Westantarktischen und Ostantarktischen Eisschild). Zu Beginn dieses Buches erzählte ich von meinen Erfahrungen dort, Erfahrungen, die mir gezeigt haben, wie unwirtlich dieser Ort, an dem es wenig mehr gibt als Kälte und Eis, tatsächlich ist. Der antarktische Kontinent ist der entlegenste Ort der Erde, der Ort mit dem extremsten Klima, der einzige Kontinent ohne Ureinwohner und ohne jegliche Landsäugetiere – und unterscheidet sich darin doch deutlich von seinem nordhemisphärischen »Pendant«, Grönland.

Doch es gibt auch politische Unterschiede, die sich eventuell als ebenso wichtig für die Geschichte des Meeresspiegelanstiegs erweisen werden wie die physischen Differenzen. Da es sich hier um den einzigen Kontinent handelt, der zu keiner Zeit eine indigene menschliche Bevölkerung beherbergte, war die Antarktis immer ein kurioser Dorn im Fleisch der Weltpolitik. Viele Nationen unterhalten hier eine dauerhafte Basis, die in erster Linie wissenschaftlichen Zwecken dient. Doch es geht natürlich auch um politische Präsenz.

In früheren Zeiten verlieh nicht das Land, sondern das umgebende Meer Antarktika seinen Wert. Das Wasser ist unvorstellbar reich an Plankton und wimmelt nur so von größeren Tieren. Unter anderem gibt es dort die größte Walpopulation auf dem Planeten. Aus diesem Grund war die Antarktis zwei Jahrhunderte lang die bevorzugte Gegend für den Walfang und wäre es wohl immer noch, wenn sie nicht durch das internationale Walfangabkommen teilweise unter Schutz gestellt worden wäre. Dieser Vertrag steht allerdings in weiten Teilen nur auf dem Papier. Japan setzt sich über einen ähnlichen internationalen Vertrag hinweg, indem es eine große

Anzahl von Walen fängt, angeblich für »wissenschaftliche« Zwecke. Gleichzeitig verkauft das Land jedoch nach wie vor Walfleisch. Nach der gleichen Logik könnte jedes beliebige Land anfangen, Mineralien oder Öl im Namen der Wissenschaft zu fördern. Es ist das, was unter dem Eis und unter den kontinentalen Schelfen rund um den Kontinent liegt, was das aktuelle »Hände-weg«-Protokoll für Antarktika gefährdet.

Das erste größere Abkommen, das eine Reihe von Grundregeln entwarf, war der ursprüngliche Antarktisvertrag, der im Jahr 1959 unterzeichnet wurde (und 1961 in Kraft trat). Er wurde entworfen von den Ländern, die der Antarktis geografisch am nächsten lagen – Argentinien, Australien, Neuseeland und Chile – und die jedes für sich der Meinung waren, dass sie aufgrund ihrer räumlichen Nähe bei der Gestaltung des Inhalts mehr zu sagen hätten als weiter entfernt liegende Länder. Daneben waren aber auch Großbritannien, Amerika und Russland in den Vertrag einbezogen – die einflussreichsten und traditionell am lautesten auftretenden Staaten. Jedes dieser Länder verfügte über eine dauerhafte, vom jeweiligen Militär betriebene Basis (offiziell natürlich ausschließlich zu friedlichen Zwecken). In den späten 1990er-Jahren drängten einige Länder auf eine Zusatzvereinbarung, und so wurde 1991 das »Madrid-Protokoll« unterzeichnet. Dessen wichtigste Fürsprecher, in erster Linie wohl Australien und Neuseeland, führten ein Verbot von Bergbau und Ölförderung ein, welches 50 Jahre gelten soll. Ebenfalls untersagt sind Entsorgung oder Lagerung von giftigen Abfällen, das Testen von Waffen (die Antarktis – was für ein wunderbarer Ort zum Testen von Atomwaffen!) sowie die Zerstörung von Flora und Fauna.

Die Ratifizierung des Madrid-Protokolls war alles andere als einfach, was ein Vorgeschmack war auf die politischen Turbulenzen, die den Kontinent erwarten. Ein ungewöhnlicher Aspekt des Vertrags: Sämtliche Parteien einigten sich darauf, dass alle zukünftigen Entscheidungen im Konsens zu erfolgen hätten. Damit das Verbot des Rohstoffabbaus überhaupt gültig war, mussten darüber hinaus 26 der 50 Staaten, die bei der Beschlussfassung von Verträgen einbezogen waren, unterzeichnen. Im Jahr 2003 hatten zwei Länder immer noch nicht unterschrieben, trotzdem war der Vertrag 1998 in Kraft getreten. Nach heutigem Stand haben von den 46 Mitgliedern 26 Konsultativstatus und sind stimmberechtigt, während sieben Mitglieder »Gebietsansprüche« anmelden auf (nach wie vor kleine) Teile des Kontinents.

Das Verbot des Rohstoffabbaus auf 50 Jahre ist bestenfalls dünn. Da es eine geballte Opposition gab, die ein Auge auf die Ausbeutung der natürlichen Ressourcen der Antarktis geworfen hatte, enthält der Vertrag eine »Ausstiegsklausel«, die jedem Unterzeichnerstaat genau das erlaubt – aus dem Vertrag auszusteigen und das zu tun, was ausdrücklich geächtet worden war: Rohstoffe abzubauen. Während man heute mit Tourismus vergleichsweise bescheidene Summen verdienen kann, ist es die Aussicht auf Metalle und Öl, die den Industrieländern das Wasser im Munde zusammenlaufen lässt.

Wie die Antarktis zu ihrem Eis kam

Die Kontinente sind wie Autoscooter, immer und ewig auf Spritztour über die Erdkruste; ganz anders als die sesshaftere ozeanische Kruste treiben die Kontinente Millionen Jahre in eine Richtung, nur um irgendwann mit einem anderen Kontinent zu kollidieren oder in eine neue Richtung abzudrehen. Längengrade und Breitengrade haben keine langfristig gültige Bedeutung; aus ehemals tropischen Kontinenten werden die kalten Regionen der Hohen Breiten und umgekehrt. Mit dem Südkontinent Antarktika verlief es nicht anders. Erst war es dort kalt, dann wieder warm; wie viele dieser Temperaturwechsel man zählt, hängt davon ab, wie weit man in die Vergangenheit zurückschaut. Für uns besonders interessant ist die Frage, wann die Antarktis ihren jetzigen, bis zu fast fünf Kilometer dicken Eisschild bekommen hat. Wann bildete sich dieses Eis, welchen Weg nahm der Kontinent?

Während man seit einigen Jahrzehnten über das Muster der geografischen Verlagerung der Antarktis im Großen und Ganzen Bescheid weiß, lag die Vereisungsgeschichte längere Zeit im Dunkel. Aktuell geht man davon aus, dass sich die ersten Eismassen vor 45 Millionen Jahren gebildet haben, mit einer deutlichen Intensivierung vor 35 Millionen Jahren. Nach dem Stand der Wissenschaft begann sich das Eis in der Antarktis aufzubauen, weil es zu einer radikalen Änderung der Meeresströmungen rund um den Kontinent kam, die den Schalter in Richtung Abkühlung umlegte. Dieser Gedanke stammt aus den 1970er-Jahren, als Ozeanografen erstmals neue Methoden entwickelt hatten, um die Temperaturen der Erdgeschichte mit großer Genauigkeit durch die Untersuchung von Tiefseebohrkernen (und des Verhältnisses bestimmter Isotope des Sauerstoffs darin) zu ermitteln. Was sie herausfanden, war eine globale Abkühlung über die letzten 65 Millionen Jahre, die stetig ablief, wenn auch nicht linear, sondern in »Sprüngen«. Zwei besonders prominente Temperaturabsenkungen fanden vor zirka 35 und 15 Millionen Jahren statt und wurden als Ergebnis plattentektonischer Bewegungen interpretiert.

Eingebettet war die Reise der Antarktis in den Zerfall des großen Südkontinents Gondwana, der über Jahrmillionen aus Südamerika, Afrika, Indien, Australien und Antarktika bestand. Es war durchaus einleuchtend, dass die sukzessive Auflösung dieses »Urkontinents« neue Meeresstraßen bildete und so die Meeresströmungen in den südlichen Ozeanen radikal veränderte. Bereits zu Beginn der Kreidezeit dringt der Kontinent in die Region jenseits des Polarkreises vor und hat vielleicht schon vor 80 Millionen Jahren seine heutige Position erreicht. Vor rund 45 Millionen Jahren löste sich Australien von Antarktika und ließ die Tasmanische Passage entstehen; seit 25 Millionen Jahren existiert die Drakepassage (zwischen Antarktika und Südamerika), die sich in der Folge weiter vertiefte. Dadurch entstand der antarktische Zirkumpolarstrom, der den Atlantik nunmehr mit dem Pazifischen Ozean verband. Antarktika war fortan isoliert und wurde nicht mehr vom warmen Wasser aus tropischen Breiten umspült. Nach der Theorie von Shackleton und Kennett war Antarktika nun umgeben von zunehmend kälteren Meeresströmungen. Derart von den wärmeren Ozeanen thermisch isoliert, kühlte der Kontinent mehr und mehr aus, bis er schließlich kilometerdick von Eis bedeckt war.

Fast 30 Jahre lang waren alle mit dieser Erklärung zufrieden; andere mögliche Einflüsse, etwa die Konzentration der Treibhausgase, wurden ausgeblendet. Aber war das »legitim«? Schließlich geht es hier unmittelbar um wesentliche Entscheidungsgrundlagen für die Frage, wie die Zukunft des Klimas aussehen wird: Welche Bedeutung haben jeweils die Atmosphäre, der Ozean, die kontinentale Position und die Parameter Solarkonstante und Erdumlaufbahn?

Im Jahr 2003 blickten zwei junge Klimatologen noch einmal neu und unvoreingenommen auf die Abkühlung und Eisbildung von Antarktika. Anders als ihre wissenschaftlichen Vorgänger setzten sie sich nicht den fernen südlichen Meeren aus und zogen keine Sedimentbohrkerne aus dem Meeresboden, um sie anschließend in millionenschweren Laboratorien zu untersuchen. Stattdessen saßen sie in warmen Büros, fütterten ihre Computer mit Zahlenmaterial – und kamen zu einer neuen Schlussfolgerung über die Abkühlung der Antarktis: Was den Südkontinent letztlich vereisen ließ, waren die rückläufigen CO_2-Werte, auf Werte unter 750 bzw. 600 ppm, nicht primär die veränderten Meeresströmungen.[8] Interessant ist dabei, dass das Antarktiseis in den letzten rund 35 Millionen Jahren keinesfalls stabil war. Aus der Zeit des Miozän wissen wir, dass der antarktische Eisschild sehr sensibel und mit drastischen Volumen-änderungen auf nur geringfügige Schwankungen der CO_2-Werte (zwischen 300 und 500 ppm) reagierte.[9]

Die Herausbildung von Grönland und Antarktika

Im Jahr 2002 fand ein sensationelles Ereignis statt: Ein Teil des Larsen-B-Schelfs brach ab. Zwischen dem 31. Januar und dem 7. März löste sich ein 3.250 Quadratkilometer großer Eiskörper und »zerfiel« in eine Armada von Eisbergen. Das Sensationelle daran war, neben der schieren Masse an Eis – das Schelfeis ist gut und gerne 200 Meter dick –, die Geschwindigkeit, mit der dies geschah. Offenbar war Schelfeis, das seit Tausenden Jahren Bestand hatte, durch Ausdünnung brüchig geworden und im ungewöhnlich warmen Südsommer abgebrochen. Der Zusammenbruch von Larsen B führte zu einem beschleunigten Abfluss der dahinter befindlichen Eisströme ins Meer. Nach dem Zusammenbruch wurden bis zu achtfach höhere Fließgeschwindigkeiten gemessen.

Was wird geschehen, wenn das Eis auf Grönland und Antarktika schmilzt? Zunächst werden sich immer mehr Eisberge bilden – mit denen riesige Wassermengen wie auf großen Schiffen aus dem Kontinent wegtransportiert werden. Wenn das Eis dann auch im Inland schmilzt, wo die tiefsten Temperaturen herrschen, entstehen enorme Mengen an Süßwasser. Von der Eislast befreit, werden zwei riesige Landmassen auftauchen und ihr felsiges Gesicht zeigen. Aber nicht für lange. Denn das Schmelzen ihrer Eisschilde wird für einen raschen Anstieg des Meeresspiegels sorgen.

Zuerst wird die arktische Eiskappe verschwinden, ein Prozess, der de facto schon längst im Gange ist. Im Jahr 2007 kam es zu einem erstaunlichen Vorfall, der von großer Bedeutung sein könnte. Erstmals seit vielleicht zwei Millionen Jahren war die berühmte Nordwestpassage eisfrei und für Schiffe passierbar. Normalerweise ist das harte Wintereis dick genug, um als Meereis die sommerliche Schmelzsaison zu überstehen. 2007 schmolz das Eis jedoch extrem stark und sprengte alle Statistiken. Die Sorge stand im Raum, dass

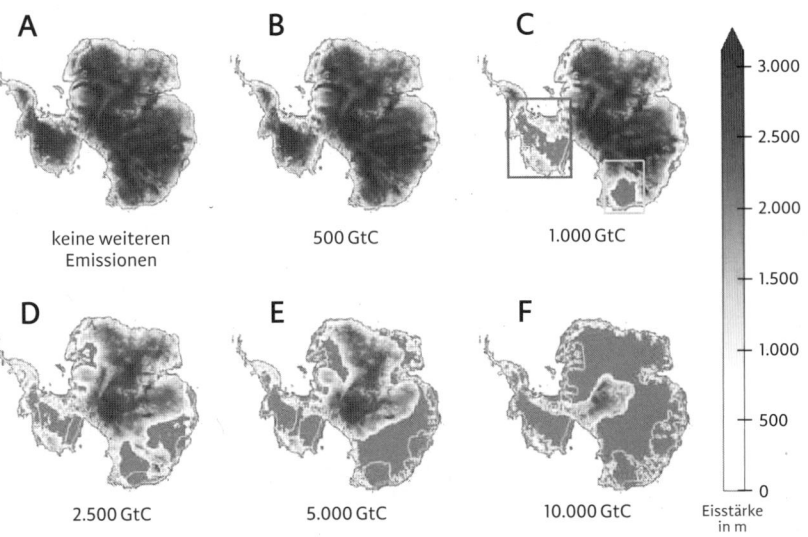

38 Zustand der Antarktis nach 10.000 Jahren bei verschiedenen kumulativen Emissionsszenarien (GtC = Gigatonnen Kohlenstoff). Die gegenwärtig zur Verfügung stehenden Ressourcen an Kohle, Öl und Gas werden auf 10.000 GtC geschätzt, ein Vorrat für vielleicht 500 Jahre.

man einen der gefürchteten Kipppunkte erreicht habe, und entsprechend groß war die Spannung, ob es sich um ein Ausnahmejahr handelte und wie es 2008 weitergehen würde. Und prompt erreichte uns am 29. August 2008 die Meldung, dass Nordwest- und Nordostpassage erstmals gleichzeitig eisfrei waren und beide kurzzeitig ohne Hilfe eines Eisbrechers schiffbar. Konnte man damals noch sagen, dass zwei Jahre noch keinen Trend konstituieren, bestätigten seitdem zahlreiche Meldungen, dass der Widerstand im hohen Norden gebrochen und es nur noch eine Frage der Zeit ist, bis die gesamte Arktis eisfrei sein wird. Dass dies ein Segen für die Schifffahrt ist (und für die Ausbeutung der Mineral- und Erdölvorkommen unter der ehemaligen Eisdecke), liegt auf der Hand. Ökologisch und klimatisch ist das keine gute Nachricht, der Verlust an Eis wird die Erde weiter aufheizen. Glücklicherweise führt die Schmelze des Meereises zu keinem weiteren Anstieg des Meeresspiegels.

Zu Beginn des 21. Jahrhunderts hielten sich der Massenverlust aus Oberflächenschmelzen sowie die Summe aus Kalben und frontalem Schmelzen noch die Waage. Schmelzen die Gletscher ins Landesinnere zurück und büßen ihren Kontakt zum Meer ein, wird das »Kalben« von Eisbergen aufhören und das Verhältnis wird sich verschieben. Vor allem bei den Auslassgletschern mit ihrer stark variierenden Geometrie sind allgemeingültige Aussagen schwer zu treffen, sodass es zu starken regionalen Unterschieden im Schmelzverhalten kommt. Fest steht aber, dass es wärmere auflandige Winde geben wird, welche die Eisschilde und Berggletscher umso schneller werden verschwinden lassen. Das Schmelzwasser wird Begehrlichkeiten wecken, denn es werden riesige Süßwasserreservoire entstehen, während anderswo Trockenheit und Dürre vorherrschen. Aus heutiger Sicht wäre es Science Fiction, glaubte man, man könnte dieses Wasser in nennenswerten Mengen in die von Dürren geplagten Weltgegenden Afrikas, Australiens, des Mittleren Westens in den USA oder nach China transportieren.

Was wird mit dem Wasser geschehen? Ein großer Teil davon wird ins Meer abfließen, vielleicht sogar in Mengen, welche die Meeresströmungen, die so wichtig für die Umverteilung der Wärme sind (und Europa ungewöhnlich warm halten), verändern oder gar stilllegen (wir werden darauf in Kapitel 7 zurückkommen). In großen Bereichen von Grönland und Antarktika, die durch die Topografie gegen das Meer abgeriegelt sind, werden an vielen Stellen enorme Mengen an Wasser eingeschlossen sein und riesige Süßwasserseen entstehen. Auf eben diese Weise sind vor 10.000 bis 15.000 Jahren die Großen Seen in Nordamerika entstanden oder auch die Seenlandschaften Skandinaviens.

Während das Eis schmilzt, wird sich das Land, auf dem es so lange gelegen hatte, durch isostatischen Ausgleich allmählich heben. Die schmelzenden Fronten der Gletscher werden zunächst außerordentlich unwirtliche Orte sein. Unablässig werden starke, lokal wirksame Winde von den Eismassen herunterwehen, sie werden Sand und Schluff aus den trocken gefallenen Gletschervorfeldern aufnehmen und an anderer Stelle als sogenannten Löß wieder ablagern. Die neuen Windsysteme werden Samen mitbringen und auch Vögel werden ihren Beitrag leisten, dass die noch rohen Böden durch Pionierpflanzen kolonisiert werden. Erst kommen widerstandsfähige Arten, die mit den noch sehr armen Böden zurechtkommen. Aber irgendwann werden die Böden besser, das Klima milder und nach und nach werden sich auch höhere Pflanzen einfinden. Auf Grönland können wir Weiden erwarten, Kriechwacholder, Pappeln und alle möglichen Büsche, die eine erste stabile Gemeinschaft bilden, um dieses urzeitliche Gletscherland zu transformieren. Im etwas milderen westlichen Teil Grönlands werden niedrige Wälder von Fichten dominiert werden, während im Osten und im Inselinneren tundrenartige Verhältnisse auf Permafrost herrschen. Wie die Entwicklung in der Antarktis ablaufen wird, ist schwieriger vorherzusagen. Die Gebiete, die am nächsten liegen und Samen liefern könnten, wären Neuseeland, Australien, die Südspitze von Südamerika sowie Südafrika. Weil jedes dieser Länder über seine eigenen endemischen Pflanzen verfügt, könnten sich auf dem neuen Land am Südpol neuartige Pflanzengesellschaften herausbilden.

Wer aber wird auf den neuen Reichtum Anspruch erheben? Wer wird sich die Bodenschätze aneignen wollen, wer bekommt Zugriff auf irgendwann einmal landwirtschaftlich nutzbares Land? Dänemark könnte zu einem noch reicheren Land werden, wenn es ihm gelingt, Grönland zu behalten. Aber der Neid der mächtigeren Länder, die sich in einer viel schwierigeren Lage befinden als das kleine Dänemark, könnte dem schnell ein Ende setzen. Die Situation in Antarktika wird komplizierter sein. Der aufgetauchte Kontinent könnte in separate Territorien aufgeteilt werden: unter den »Anrainerstaaten«, gewiss aber auch unter den Großmächten USA, Russland, China und Indien. Vor allem die beiden asiatischen

Länder werden sich in einer besonders prekären Lage befinden, weil sie seit dem Verlust der Himalaya-Gletscher dann schon lange unter Dürrebedingungen leiden werden, die zu einer Massensterblichkeit führen, die vielleicht nicht in Millionen, sondern in Hunderten von Millionen gezählt werden wird.

Grönland und Antarktika werden eisfrei sein – und wenn es so weit ist, werden sie den Meeresspiegel um etwa 65 Meter haben steigen lassen. Mit dem Verlust ihres Eises wird der letzte Akt beginnen. Was im 19. Jahrhundert als Industrielle Revolution begann, sich im 20. Jahrhundert als Ölwirtschaft weiterentwickelte und als Kohlewirtschaft im 21. und 22. Jahrhundert endete, wird zum Schluss vielleicht nichts anderes gewesen sein als eine Blaupause für die Auslöschung der Menschheit.

KAPITEL 6

Die Überflutung küstennaher Regionen und Städte

Zwolle, Holland, 2100 n. Chr., Kohlendioxid bei 780 ppm

Seit zwei Tagen war nichts anderes zu hören gewesen als das wütende Heulen des großen Nordseesturms, der die Niederlande mit furchtbarer Wucht heimsuchte. In den Tropen hätte man so einen Sturm Taifun oder Hurrikan genannt. Hier sprach man nur davon, dass man sich an Stürme wie diesen allmählich gewöhnen müsse. Man hoffte, dass das laute Getöse das Einzige bleiben würde, was der Sturm mit sich brachte, denn die gesamte Region geriet zunehmend unter die »erlaubte« Meereshöhe und war dadurch als Angriffsziel wie geschaffen. Weite Flächen um die Stadt Zwolle herum waren inzwischen von Sturmfluten bedroht, wenn auch durch die umfangreichen Strandmauern und Deiche entlang der Küste geschützt. Die Menschen hofften, dass die Deiche halten würden, schließlich hatte das Land immense Summen in die Schutzmaßnahmen gegen das Meer investiert. Zumindest sollten sie die Zahl der Todesopfer reduzieren, die bei großen Sturmfluten unvermeidbar waren.

Im frühen 20. Jahrhundert hatten die Niederländer die gesamte Zuidersee mit einem riesigen Deich abgeriegelt; so entstand das große Ijsselmeer, der größte Süßwassersee des Landes. Bald danach wurden umfangreiche Dämme gebaut, um auch die Flüsse Rhein und Maas zu zähmen. An ihren Mündungen waren gewaltige Schleusensysteme gegen die Sturmflut errichtet worden. Hier gab es nur ein einziges Ziel: das Meer in Schach zu halten. Gegen Ende des 21. Jahrhunderts flossen immer größere Anteile des Steueraufkommens in immer aufwendigere und kostspieligere Küstenschutzmaßnahmen. Während die Schutzmaßnahmen immer umfangreicher wurden – die Armee war inzwischen zu einer geschulten Deichreparaturtruppe umfunktioniert worden – und sich über immer größere Abschnitte der langen Küstenlinie erstreckten, wurde auch in stärker gefährdeten Bereichen gebaut, wo »normale« Maßnahmen längst nicht mehr ausreichten.

Die Holländer wussten sehr wohl, was ein Versagen ihrer Deichsysteme bedeutete: Vor vielen Jahren, im Jahr 1953, hatte eine Sturmflut die südlichen Niederlande heimgesucht, fast 2.000 Menschen kamen in den Fluten um. Am Rathaus von Amsterdam ist die Wasserstandsmarke immer noch zu sehen. Die Flut trieb den Wasserspiegel drei Meter über Normal hoch. Allerdings lag der Meeresspiegel damals noch um rund 1,5 Meter tiefer als im ersten Jahr des 22. Jahrhunderts. Das frühere »Normalnull« befand sich inzwischen ein ganzes Stück unter Wasser.

Es war offensichtlich keine kluge Entscheidung der Holländer gewesen, sich in diesem Teil Europas niederzulassen. Größere Flächen höher gelegenen Landes wären jetzt Gold wert; selbst die große Zahl wasserreicher Flüsse, die sich direkt vor ihrer Küste ins Meer ergießen, war jetzt kein Gunstfaktor mehr. Schon immer hatten sich Teile des schmelzenden Eises aus den Alpen ihren Weg durch Mitteleuropa Richtung Norden gebahnt und im Frühjahr zu Überflutungen geführt, aber jetzt konnte es auch im Winter zu

Überschwemmungen kommen. Was die Niederländer am meisten fürchteten, war eine besonders unglückliche Konstellation: wenn ein Sturm von der Stärke eines Orkans auf Hochwasser führende Flüsse traf. Die Wahrscheinlichkeit für ein solches Zusammentreffen erhöhte sich zusehends; die globale Erwärmung hatte die Schneefallgrenze in den Alpen so stark nach oben verschoben, dass die winterlichen Niederschläge, die einst als Schnee niedergingen und als feste Schneedecke bis in den Frühsommer hinein liegen geblieben waren, nun in Form von Regen fielen. Die Aufgabe, um die es fortan ging, war ausgesprochen heikel: Es galt, die Flüsse zum Meer zu bringen, ohne dass sie die tief gelegene Landschaft überfluteten, und gleichzeitig das Meer von der Küste fernzuhalten.

Die Überschwemmung durch Flüsse war genauso gefährlich wie die durch Sturmfluten. Im Jahr 1995 mussten 200.000 Menschen und Millionen von Tieren aus gefährdeten Gebieten evakuiert werden, weil die Flüsse über die Ufer traten. Ein großer Teil der Landschaft wäre angesichts des Dauerregens in Schlamm und Wasser untergegangen, hätten die Pumpstationen nicht den Wettlauf gewonnen und das Wasser schneller ins Meer gepumpt, als es über die Ufer der Flüsse schwappen konnte. Seitdem hatte man sich in einem Zweifrontenkrieg befunden, mit einer statischen Verteidigungsstrategie, die bald an allen Ecken des Landes und von den Flanken her überrollt wurde. Es war ein langer Kampf, erschreckend teuer, mit vielen Opfern erkauft und zunehmend hoffnungslos.

Doch die Niederlande hatten keine Wahl. Sie konnten nicht einfach auf der Suche nach höher gelegenem Land nach Deutschland oder Belgien auswandern. Es war auch nicht so, dass das Land nichts mehr abwarf; de facto wurden immer noch rund 70 Prozent der Wirtschaftsleistung des Landes unter Meereshöhe erwirtschaftet. Ihre eigene Geschichte hatte die Niederländer zu einem

innovativen Volk werden lassen. Immer wieder experimentierte man mit neuen Methoden des Hochwasserschutzes und stellte Marschland wieder her. Manche Gemeinden versuchten, sich mit dem zunehmend feindlich gesinnten Meer zu arrangieren, etwa mit dem Het-Nieuwe-Water-Projekt; einer acht Kilometer breiten Anlage in der Nähe der Stadt Den Haag. Teil des Projekts war eine Reihe schwimmender Apartments, die so konstruiert waren, dass sie sich mit dem Wasserspiegel auf und ab bewegten. Aus der Not heraus hatten die Niederländer unter dem Motto »Raum für den Fluss« eine Kampagne gestartet. Dabei wurden einige Dämme abgetragen, um natürliche Überflutungsflächen zu schaffen und so die Gewalt starker Fluten abzumildern. Diejenigen Deiche, die größere Städte schützen sollten, konnten hingegen nicht aufgegeben werden und wurden verstärkt. Sollten sie brechen und sollte das landesweite Netzwerk aus Pumpstationen versagen, würde das halbe Land innerhalb einer Woche einen Meter unter Wasser stehen. Ironischerweise verwendeten die Holländer jetzt übrigens Kohle, um die energiehungrigen Pumpen in Gang zu halten – so floss zwar das Wasser ab, aber die Kohlendioxidwerte gingen weiter nach oben.

39 Panorama der Thames Barriere in London. Mit derartigen Anlagen versuchen sich vor allem wohlhabende Länder vor den Fluten des Meeres zu schützen. Als führend im Küstenschutz gelten die Niederlande, die ihr Know-how in alle Welt exportieren.

Die Opfer des späteren 21. Jahrhunderts waren nicht allein einzelne Menschen, sondern ganze Städte. Leeuwarden, einst eine blühende Stadt an der nördlichen Küste, wurde im Jahr 2075 aufgegeben und dem Meer überlassen, zusammen mit einer großen Fläche im Nordwesten. Die Bevölkerung war durch die Stürme zunehmend demoralisiert. Im Jahr 2085 versagten die Deiche schließlich, die Sturmfluten hatten die Schleusensysteme überrollt und niedergerissen. Anders als 1953 fiel dieser Sturm in die Zeit einer historisch hohen Abflussmenge der Flüsse Rhein und Maas. Die langen Böschungen, die die Flüsse in ihrem Bett hielten, waren zu stark mit Wasser gesättigt – und gaben ebenfalls nach. Innerhalb kürzester Zeit waren viele Menschenleben zu beklagen.

Was passiert mit Bangladesch?

Wohin geht man, wenn das eigene Wohnviertel abgerissen wird oder wenn man dort aus anderen Gründen nicht mehr leben kann? Vielleicht hat man das Pech, einer neuen Flughafenstartbahn im Weg zu sein, vielleicht befindet sich unter dem eigenen Grundstück Kohle, die abgebaut werden soll. Natürlich wehrt man sich erst einmal, aber irgendwann zieht man um. Aber wohin? Man kann nicht davon ausgehen, dass man von anderen Ländern mit offenen Armen empfangen und aufgenommen wird – schon gar nicht, wenn man aus einem armen Land stammt, etwa aus Bangladesch.

Als ein vergleichsweise kleines Land beherbergt Bangladesch 160 Millionen Menschen, und es gibt buchstäblich keinen Ort, an den diese Menschen ausweichen könnten, fast vollständig umgeben, wie sie sind, von einem ebenfalls überbevölkerten Indien und dem Meer im Süden. Bangladesch ist ein Land, das es bis 1971 als Staat noch gar nicht gegeben hatte. In jenem Jahr erlangte das Land, das bis dahin Ostpakistan hieß, die Unabhängigkeit von seinem größeren westlichen Teil, dem heutigen Pakistan. Das größte Problem Bangladeschs war und ist seine Topografie, denn rund 90 Prozent sind Tiefland, die Hauptstadt Dhaka mit ihren 20 Millionen Menschen liegt nur rund sechs Meter über dem Meer. Praktisch jeder anbaufähige Quadratmeter des Landes ist bereits landwirtschaftlich genutzt. Es gibt nirgendwo ein Gebiet, das man zusätzlich nutzen könnte – und das angesichts von rund 200 Millionen Menschen, die hier laut UN im Jahr 2050 leben werden. Die Topografie wird dafür sorgen, dass schon der geringste Anstieg des Meeresspiegels enorme Auswirkungen hat. Steigt das Meer um nur einen Meter, würden ohne Küstenschutzmaßnahmen etwa 18 Prozent der gesamten Landesfläche überflutet, etwa 38 Millionen Menschen verlören ihre Heimat.[1] Ein Meter. Wie wir gesehen haben, kann diese Marke schon bald erreicht werden, vermutlich noch innerhalb dieses Jahrhunderts. Die Uhr für diese

Gegend der Welt tickt tatsächlich lauter als für viele andere; mit hoher Wahrscheinlichkeit wird sie Schauplatz »einer der größten humanitären Katastrophen der Geschichte« sein, wie Robert Kaplan im *Atlantic* schrieb.

Warum nur, so kann man sich fragen, leben überhaupt so viele Menschen in einer – schon vor dem Klimawandel – derart vulnerablen Region? Bangladesch ist im Grunde nichts anderes als ein riesiges Delta, das aus der Verbindung der Flüsse Ganges, Brahmaputra und Meghna an der Schnittstelle zum Meer gebildet wird. Dieses geologisch junge Land ist der Grund, warum hier so viele Menschen leben. Unter tropischer Sonne und hohen Niederschlägen gedeihen auf den extrem fruchtbaren Böden Pflanzen in enormer

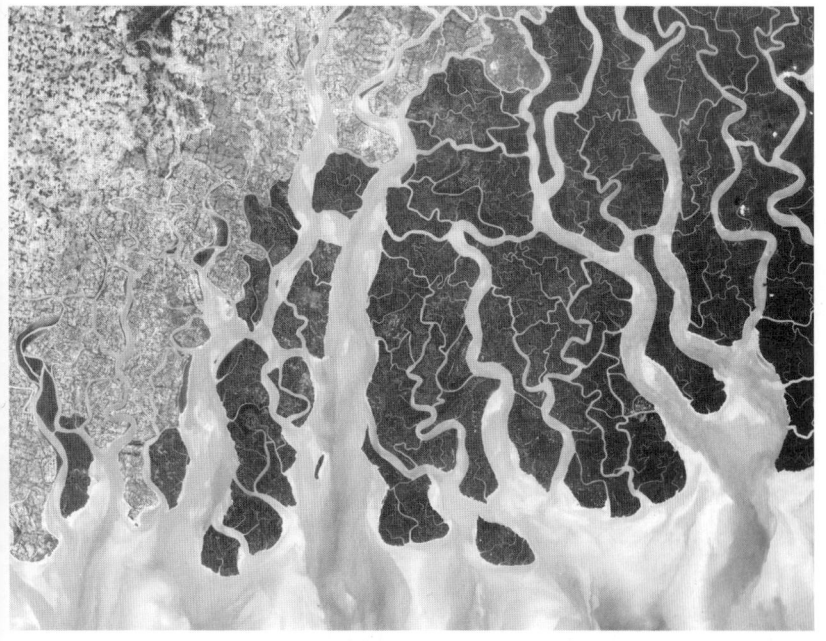

40 Das Ganges-Brahmaputra-Delta im Satellitenbild: Das Staatsgebiet von Bangladesch ist nahezu deckungsgleich mit diesem größten Flussdelta der Erde.

Geschwindigkeit und erbringen reiche Ernten für die Ernährung der Menschen. Die alljährliche Überschwemmung ist eine Folge der Schneeschmelze in den benachbarten Bergen des Himalaya und der jährlichen tropischen Monsunzeit. Eine ausreichende Versorgung mit Süßwasser ist derzeit kein Problem. Aber das wird sich bald ändern. Ein Großteil des Wassers der Flüsse entstammt dem Schnee und den Gletschern des Himalaya. Jede Veränderung in diesem Bereich wird sich drastisch auf Bangladesch auswirken. Und hier liegt das Problem der nahen Zukunft: Wie in so vielen anderen Gebieten schmelzen auch die Himalayagletscher infolge der steigenden Temperaturen. Wenn sie am Ende ganz verschwunden sein werden – und es sieht so aus, als sei das ihr Schicksal – wird es den Frühjahrsabfluss nicht mehr geben, der das Delta mit Nährstoffen anreichert und mit Süßwasser versorgt.

Mit dem zunehmenden Verlust dieser Süßwasserquelle wird auch hier eintreten, was immer eintritt, wenn das Meer steigt: Es kommt zum Eindringen von Salz. Die Versalzung der Brunnen, die das Trinkwasser für die Menschen liefern, wie auch des Wassers, das die Landwirtschaft so dringend braucht, ist eine Gefahr für Bäume und Nutzpflanzen. Das Salz arbeitet sich als lösliches Mineral in den Boden hinein, um dort zu bleiben. Und als wäre das alles nicht schon genug, haben sich auch die geologischen Kräfte gegen das Land verschworen, denn das Land sinkt, weshalb sich der Meeresspiegelanstieg noch viel stärker auswirken wird.

Die Bangladeschi sind sich der Gefahren, die auf sie zukommen, durchaus bewusst. Doch das Land ist arm – und gerade deshalb ein Pulverfass. Das steigende Meer könnte extremistische Tendenzen erneut anheizen. Auch wenn es heute friedlich wirkt, ist das vielleicht nur die Ruhe vor dem Sturm, der durch die Bedrohung durch den Klimawandel angefacht werden wird. Die Menschen sind mit den alltäglichen Problemen beschäftigt. Kinder leben in entsetzlicher Armut, wie man sie als Entwicklungsländerklischees von Plakaten her kennt. Und jedes Jahr werden es mehr Menschen, jedes Jahr verlassen immer mehr Dorfbewohner das Land und ziehen in die Städte – und keine Staatsmacht sorgt in dem armen Land dafür, dass wirkungsvolle Schutzmaßnahmen ergriffen werden.

Die Verwundbarkeit der Niederlande

Auch die Niederlande sind massiv bedroht, doch das Land ist wohlhabend und beherbergt nur rund ein Zehntel der Menschen, die in Bangladesch leben. Und so überrascht es nicht, dass die Niederlande besser vorbereitet sind auf das, was kommt – vermutlich sogar besser als jedes andere Land der Erde.

Über weite Strecken befinden sich langgestreckte Dünenrücken zwischen dem Meer und der flachen Landschaft im Landesinnern.

41 »Halligwarft während einer Sturmflut«, Gemälde von Alexander Eckner, 1906. Halligen sind Inseln in der Nordsee, die nur wenige Meter höher liegen als das Meer und daher oft überflutet werden.

Diese Küstensedimente haben eine lange Geschichte vom Steigen und Fallen des Meeres aufgezeichnet und man kann daraus errechnen, wie schnell das Meer in Perioden, in denen Eisschilde und kontinentale Gletscher rapide abschmelzen, steigen kann. Seit der Jahrhundertwende steigt das Meer pro Jahr um vergleichsweise unbedeutende drei bis vier Millimeter; doch die sorgfältige Datierung von Sedimenten entlang der Nordseeküste weist auf weitaus höhere Raten in der Vergangenheit hin: Für Dänemark sind solche von 46 Millimetern pro Jahr angegeben, und zwar über einen Zeitraum von vor 8.260 bis 7.680 Jahren. Für England konnte man feststellen, dass sich die Raten im selben Intervall zwischen 34 und 46 Millimeter pro Jahr bewegten; in Deutschland stieg das Meer ebenfalls um 40 Millimeter. Über ein Jahrhundert betrachtet bedeuten diese Befunde eine Erhöhung des Meeresspiegels um fast fünf Meter. Dies zeigt deutlich, dass künftige Raten auch sehr viel höher sein können als derzeit angenommen.

Was diese Werte besonders bedrohlich macht, ist, dass der natürliche, postglaziale Meeresspiegelanstieg bei CO_2-Werten stattgefunden hat, die zwischen 200 und 300 ppm lagen. Die Zeit vor 8.000 Jahren war an der heutigen deutsch-niederländischen Küste klimatisch sicher rauer als heute. Die Wachstumsperioden waren kurz, die Winter lang und düster – und dann stieg auch noch das kalte Meer bedrohlich an. Konnten die Einheimischen diese Flut wahrnehmen? Die höchsten Raten hätten einen knappen halben Meter innerhalb 10 kurzer Jahre bedeutet, fast zweieinhalb Meter in 50 Jahren – das wäre wohl keinem entgangen. In Deutschland bewegte sich die Küstenlinie damals um bis zu 250 Kilometer ins Landesinnere voran, innerhalb von »nur« 15.000 Jahren.

Unter allen Ländern Europas sind die Niederlande durch den aktuellen Anstieg am stärksten verwundbar. Die Küstenlinie ist mehr als 400 Kilometer lang, der Tidenhub vergleichsweise hoch (meist beträgt er zwischen 1,5 und 2 Meter, es können aber auch bis zu

4 Meter werden). Gut die Hälfte der Niederlande liegt weniger als einen Meter über dem Meeresspiegel, rund ein Viertel liegt darunter. Diese weite, offene Landschaft wird durch ein kompliziertes, umfassendes System von Schleusen und Deichen geschützt. Das Bauen von Deichen gehört seit Jahrhunderten zur Lebensweise der Niederländer, kaum ein Land hat mehr Erfahrungen in Sachen Küstenschutz. Für die Niederlande steht aber auch viel auf dem Spiel: nicht nur, dass der größte Teil der Bevölkerung in den am tiefsten gelegenen Landstrichen bzw. an der Küste lebt, in den großen Städten Rotterdam, Den Haag und Amsterdam. Hier befinden sich auch die wichtigen Unternehmen, die wichtigsten Häfen und ein Gutteil der landwirtschaftlich genutzten Flächen.

Im Jahr 1953, in der Nacht vom 31. Januar auf den 1. Februar, fegte ein Orkan über Nordwesteuropa, das Meer stieg um vier bis fünf Meter, 1.835 Menschen starben allein in den Niederlanden. Bis alle Deichdurchbrüche wieder geschlossen waren, vergingen neun Monate, doch die Zukunft begann schon früher: Am 21. Februar 1953 gründete die Regierung die Delta-Kommission, um das Land gegen derartige Sturmfluten zu schützen. Zwischen 1958 und 1997 wurde der Delta-Plan umgesetzt, Dämme wurden erbaut, Sperrwerke errichtet. Die Höhe der Deiche liegt seither 7,65 Meter über dem Pegel Amsterdam. Immerhin: die Niederlande denken über den bevorstehenden Meeresanstieg nach. 2007 ließ die niederländische Regierung einen Maßnahmenkatalog zum Umgang mit dem Klimawandel erarbeiten. Seither fließen pro Jahr rund eine halbe Milliarde Euro in die Instandhaltung und Verstärkung vorhandener Deichanlagen und anderer wasserbaulicher Projekte. Das sind hohe Kosten, doch die Niederländer waren schon immer gute Kaufleute, und so exportieren sie ihr Know-how und ihre Technologien unter anderem nach China und in die USA – und verdienen damit gutes Geld. »Wir werden die Folgen des Klimawandels in der ganzen Welt vor allem über das Wasser zu spüren bekommen«, sagt Henk Ovink, niederländischer Sondergesandter für Internationale Wasserangelgenheiten, und verweist darauf, dass es nicht die eine Maßnahme gibt: »Es geht um eine Kultur, wie man mit dem Wasser lebt.«[2]

Gebiete unter Normalnull und das Schicksal der Küstenstädte

Über 30 Länder verfügen über Gebiete, die unterhalb des Meeresspiegels liegen. Viele davon sind tektonische Senken, Absenkungen der Erdkruste infolge plattentektonischer Vorgänge. Das Tote Meer liegt mehr als 400 Meter unter dem Meeresspiegel, Teile der Afarsenke in Ostafrika 155 Meter, das Death Valley in Kalifornien 86 Meter. Von dieser extremen Gruppe abgesehen gibt es rund um den Globus noch Zehntausende weitere Quadratkilometer, die unterhalb des Meeresspiegels liegen.

Vor allem aber gibt es entlang der Küsten dieser Welt Tausende Städte. Wenn der Meeresspiegel steigt, werden alle diese Städte betroffen sein. Manche, wie Seattle oder Rio oder Teile von Los Angeles, wird die ansteigende Topografie des Hinterlandes retten. Andere haben nicht so viel Glück. Am Ende des Films Artificial Intelligence von Steven Spielberg (1999) sieht sich der Protagonist, ein junger Roboter, einem im Meer versinkenden Manhattan gegenüber. Wenn man zuschaut, wie hier im Film die Wellen durch die Fenster brechen, bekommt man eine Vorstellung davon, wie es einer Küstenstadt ergehen wird, wenn das Eis der Eisschilde vollständig verschwunden ist.

Von allem, was die Menschheit je errichtet hat, ist nichts so komplex wie eine moderne Stadt, und nichts ist durch die kommende große Flut so gefährdet. Schon allein was die Größe anbelangt, die von höchst komplizierten Netzen zusammengehalten wird – Netzen der Infrastruktur, politischen Regelwerken, menschlichen Bindungen –, verkörpert die moderne Stadt wohl den Höhepunkt menschlichen Schaffens. Die Städte sind selbst etwas wie eine ausufernde Lebensform, eine evolutionäre Einheit, die ihre eigene Entwicklung durchläuft. Doch wie jede andere Spezies unterliegen auch Städte den ehernen Gesetzen evolutionärer Entwicklung. Sie werden geboren, aber am Ende »sterben« sie auch. Doch noch nie in unserer Geschichte waren Städte in einer solchen Größenordnung von Auslöschung bedroht, wie das heute der Fall ist.

Zumindest theoretisch verfügen Küstenstädte über zwei Optionen, um sich gegen ihr Ertrinken zu stemmen: Entweder die Menschen gehen weg und gründen ihre Stadt an geeigneter Stelle neu (denn mehr als Erinnerungen werden die Menschen kaum mitnehmen können) oder sie schützen sich mit Maßnahmen wie immer höheren und stabileren Deichen – so lange es geht.

Venedig – dem Untergang geweiht?

Eine berühmte europäische Stadt wollen wir uns bei ihrem jahrhundertelangen Kampf gegen das Wasser etwas genauer ansehen. Es ist eine Stadt, die es an diesem Ort eigentlich gar nicht geben dürfte, am Rande einer 550 Quadratkilometer großen Lagune, errichtet auf weichem, unverfestigtem Schwemmland, das stetig nachgibt. Das natürliche Absinken Venedigs wird durch das Gewicht seiner Gebäude zusätzlich verstärkt; die Fundamente der Häuser und Paläste werden immer heftiger unterspült, seit die Fahrrinnen für große Übersee- und Kreuzfahrtschiffe vertieft wurden. Dabei kam die Gefahr längst nicht immer nur von der Adria. Große Flüsse wie der Po, der Piave oder die Brenta führten ebenfalls regelmäßig Hochwasser oder drohten die Lagune mit ihrer Sedimentfracht aufzufüllen, weswegen an deren Unterläufen bereits im 16. und 17. Jahrhundert umfangreiche flussbauliche Maßnahmen ergriffen wurden.

Heute ist es jedoch vor allem das Meer, auf das sich die Blicke richten, denn seit 1900 ist die Adria um 25 Zentimeter über den durchschnittlichen Wasserstandreferenzpunkt, der 1897 festgelegt wurde, gestiegen. Noch ist längst nicht jedes Hochwasser eine Katastrophe: bei 110 Zentimetern über Normal stehen »nur« 10 Prozent der Stadt unter Wasser, was seit 1872 über 300-mal der Fall war und bei den wenigen Einwohnern, die heute noch in der Kernstadt

42 Acqua alta heißt das jährlich auftretende Winterhochwasser in Venedig. Experten sind sich sicher, dass die Stadt vor den Fluten des Meeres nicht zu retten sein wird.

leben, kaum mehr als ein Schulterzucken auslöst. Es gab aber auch Hochwässer, die der Stadt schwer zusetzten, wie das bislang höchste im November 1966 mit einem Pegelstand von 194 Zentimetern oder das von 2019 mit seinen 187 Zentimetern.

Nun ist Venedig natürlich nicht irgendeine Stadt. Sie ist eine der schönsten Schöpfungen der Menschheit, eine kulturelle Ausdrucksform, die genauso wie jede andere Welterbestätte der UNESCO erhalten werden muss. Entsprechend existieren zahllose Pläne zu ihrer Rettung, vor allem seit 1966. Die gesamte Welt wurde damals auf das Problem aufmerksam: Nach der Überflutung beschlossen die UNESCO sowie eine Reihe privater internationaler Komitees, zum Schutz Venedigs Spendenkampagnen zu starten. Eine italienische Regierung nach der anderen trug das Problem in die Öffentlichkeit – und verlagerte es so auf die internationale Arena. Dass man die Welt um Spenden für eine Stadt bat, die so eng mit dem nationalen Selbstverständnis verbunden war, war neu. 1973 erhob man Venedig mit einer »Lex Venezia« in den Rang eines »Problems von herausragender nationaler Bedeutung«, was auch den Zugriff auf staatliche Mittel erlaubte (nicht nur zur Freude anderer italienischer Städte und Regionen). Im gleichen Jahr veröffentlichte die UNESCO ein Manifest, das zu dem Zeitpunkt zwar etwas Neues darstellte, aber in Zukunft nicht beliebig wiederholbar ist. Darin hieß es: »Zum ersten könnte man anmerken, dass die Beteiligung der internationalen Gemeinschaft eine moralische Verpflichtung ist. Wenn Venedig in den Augen vieler Männer und Frauen tatsächlich ein unverzichtbares gemeinsames Gut darstellt, dann müssen, wenn es um seine Rettung geht, alle die Bürde mittragen. (…) Ein Vorhaben dieser Art kann einerseits eine einmalige Ehre bedeuten, umgekehrt aber auch eine versäumte Gelegenheit. Selbstverständlich kann man diese Aufgabe anderen überlassen. Aber wer den größten Stolz und die höchste Weisheit in sich spürt, der wird sagen wollen: ›Ich war dabei‹.«

Mittlerweile sind aber auch andere Stimmen zu hören. Im Jahr 2006 betitelte die renommierte Kunstkritikerin der Times, Rachel Campbello-Johnston, einen Beitrag mit den Worten: »If you love Venice, let her die«. Ihre Kolumne war im Vorfeld der Sitzung des Venice in Peril Funds erschienen, der bis dato bereits 40 Jahre lang Millionen Pfund in die Erhaltung der Stadt gepumpt hat. Sie schrieb: »Wir sollten die Stadt gehen lassen. (…) Der Prozess des Verfalls besitzt eine ergreifende Schönheit. Verfall ist die zweite Hälfte der

Lebensgeschichte. Ihn zu leugnen ist so engstirnig wie ein Theater zu verlassen, wenn die Pause kommt, weil man es nicht ertragen kann, zu sehen, wie sich die Geschichte entwickelt.« Bereits ein Jahr vor dem 2019er-Hochwasser formulierte es Anders Levermann vom Potsdam-Institut für Klimafolgenforschung weniger pathetisch, aber nicht weniger deutlich: »Venedig werden wir verlieren, das ist unstrittig«, es gehe nur noch darum, wann dies geschieht.

Freilich wurde keiner der Aufrufe zur Aufgabe der Stadt befolgt. Im Gegenteil: 2020 kam das größte Infrastrukturprojekt der italienischen Nachkriegszeit, das Hochwasserschutzsystem MO.S.E. (*MO.S.E* steht für das italienische Wort Mosè und erinnert an den Auszug aus Ägypten, als Moses das Wasser des Roten Meeres teilte), erstmals zum Einsatz. Ursprünglich war geplant, dass das Projekt 2011 fertiggestellt sein würde zu Kosten von 1,8 Milliarden Euro; neun Jahre später standen 5,5 Milliarden Euro[3] zu Buche und nicht wenige waren schon zu Bauzeiten der Meinung, dass die Anlage bereits überholt sei. Der Spatenstich für das Modulo Sperimentale Elettromeccanico erfolgte 2003; mit 78 beweglichen Fluttoren sollten die drei Einfahrten in die Lagune von Venedig bei Flut verschlossen werden, um so die Altstadt zu schützen. Wie lange MO.S.E seinen Zweck erfüllen wird, hängt davon ab, wie stark das Meer steigt. Das Venezia-Nuova-Konsortium hat in seine Berechnungen einen Anstieg von 26 bis 60 Zentimeter einkalkuliert und spricht von einer technischen Lebensdauer von 100 Jahren. Inzwischen müssen wir damit rechnen, dass der Meeresspiegel diese Werte vielleicht schon 2050 erreichen wird – und so wird Venedig wohl untergehen, trotz aller Bemühungen der internationalen Gemeinschaft. Man wird nur noch entscheiden können, was man mitnimmt und was man zurücklässt.

New Orleans, New York, San Francisco ...

Im Grunde ist klar, dass wir viele Städte nicht werden retten können. Viele Küstenstädte weisen ähnliche geologische Strukturen auf wie Dakha oder Venedig. Sie wurden auf weichem Grund errichtet, aufgeschüttet von Flüssen, die noch heute dort münden und gewaltige Deltas bilden, wie der Mississippi (mit New Orleans) oder der Nil (Alexandria). Im Grunde war es noch nie eine gute Idee, an solchen Stellen Städte zu errichten; angesichts steigender Meere würde man derartige Standorte heute vernünftigerweise nicht mehr bebauen.

Wie Venedig lebt auch die von Hurrikan Katrina verwüstete Stadt New Orleans von geborgter Zeit. Da ein großer Teil ihrer Fläche unter dem Meeresspiegel liegt, kam das Unglück Ende August 2005 keineswegs unerwartet. Die Tiefebene zwischen New Orleans und dem Meer hat schon immer als erste Verteidigungslinie gedient, wenn gewaltige Stürme über die Stadt hereinbrachen. Die ausgedehnten Süßwassersümpfe und Salzmarschen bewirken, dass sich die Energie eines nahenden Sturms reduziert (Hurrikane verlieren immer an Energie, wenn sie auf Land treffen). Aber es ist nur eine Frage der Zeit, dass das Meer auch hier eindringen wird, um langsam aber sicher zu Ende zu bringen, was Katrina begonnen hat – oder es wird einen einzigen Schlag geben, der die Stadt »erledigt«.

Es war lange nicht klar, ob eine Häufung und Intensivierung von Tropenstürmen bereits statistisch abgesichert ist, doch mittlerweile sind sich Experten einig, dass »die Summe der Belege darauf hindeutet, dass im globalen Mittel die Intensität der stärksten Tropenstürme seit Anfang wer Achtzigerjahre spürbar zugenommen hat.«[4] Das war auch zu erwarten, denn Hurrikane (im Atlantik) bzw. Taifune (im Pazifik) benötigen für ihre Entstehung warmes Wasser – und davon gibt es immer mehr, weil die Ozeane einen Großteil der globalen Erwärmung speichern. Die US-amerikanische Ozean- und Atmosphärenbehörde NOAA konnte zeigen, dass Stürme der Kategorie 4 um 60 Prozent, die der Kategorie 5 seit 1980 um mehr als 100 Prozent zugenommen haben. Ferner müssen wir auch damit rechnen, dass sich Zugbahnen verändern und in Zukunft Regionen betroffen sein könnten, die bislang außerhalb der Reichweite von Katrina & Co. liegen.

Hurrikan Sandy war mit einem Durchmesser von annähernd 1.800 Kilometern das ausgedehnteste Sturmtief, das jemals im Atlantik gemessen wurde – und es traf Ende Oktober 2012 New York, eine Stadt, die bislang nicht als klassisches Hurrikangebiet auffällig geworden war. Sandy war ein Paradebeispiel dafür, wie sich das Zusammentreffen verschiedener Faktoren zu einer Katastrophe auswachsen kann. Im konkreten Fall traf die Sturmflut, die durch Sandy ausgelöst wurde (das Problem bei Hurrikanen sind selten die hohen Windgeschwindigkeiten, es sind fast immer die Sturmfluten), auf eine Springflut, sodass in Manhattan neue Höchstmarken erreicht wurden. Bis zu sieben Meter hohe Wellen überfluteten mehrere U-Bahn-Tunnel, der Hudson River trat über seine Ufer, große Teile der Küste wurden hinweggerissen. Die mediale Aufmerksamkeit war entsprechend hoch. Überall auf der Welt konnte man sehen, was eine Sturmflut in einer Stadt anrichten kann – und dieses Mal war keine »Dritte-Welt«-Metropole betroffen.

Katrina und Sandy haben den Vereinigten Staaten eindrücklich ihre Verwundbarkeit aufgezeigt, doch die ist auch abseits katastrophaler Wetterereignisse gegeben. Experten zufolge könnte das Meer um New York bis 2100 um 1,80 Meter ansteigen, die Stadt setzt daher darauf, ihre Hunderte Kilometer lange Küstenlinie zu verstärken. Doch acht Jahre nach Sandy haben die ambitioniertesten Projekte noch gar nicht begonnen, etwa die Verlängerung der Südspitze Manhattans, der Bau von Unterwasser-Sturmbarrieren oder die Aufhöhung unbebauter Flächen.[5]

Auf der anderen Seite des Landes sieht sich Kalifornien multiplen ökologischen Herausforderungen gegenüber, viele davon angeheizt durch den Klimawandel. Für die Regionen um Berkeley und San Francisco suchen Wissenschaftler nach Lösungen für Hochwasser und Dürre-Perioden. Die San Francisco Bay ist das größte Delta an der amerikanischen Westküste. Zur Zeit des Goldrauschs von 1849 bedeckten die offenen Gewässer und angrenzenden Feuchtgebiete noch rund 2.040 Quadratkilometer. Doch mit der Entwicklung von San Francisco und anderen Städten begann die Bucht zu schrumpfen. Sie füllte sich mit Schlamm von den Küsten und den vielen Flüssen, die in die Bay münden; flache Gezeitenzonen wurden durch Deiche abgetrennt, um Ackerland zu schaffen, Bauland oder auch Raum für die Ablagerung von Müll. Mitte des 20. Jahrhunderts hatte man die offenen Gewässer der Bucht auf 1.420 Quadratkilometer reduziert; heute fehlen diese Flächen angesichts eines erwarteten Anstiegs des Meeresspiegels zwischen 50 und 150 Zentimetern bis zum Jahr 2100.

Im Zentrum der Probleme des Bundesstaates, dessen Einwohnerzahl in den letzten 25 Jahren um 10 Millionen auf knapp 40 Millionen gestiegen ist, steht aktuell vor allem die Wasserversorgung. Nirgends ist der Wasserverbrauch in den USA höher als hier. In den 2000er-Jahren sank der Grundwasserspiegel im Great Valley um durchschnittlich 20 Millimeter pro Jahr. Von 2011 bis 2015 wurde der »Sehnsuchtsstaat« von verheerenden Dürren heimgesucht, wie sie seit 1.200 Jahren nicht mehr vorgekommen waren.[6] »Wir müssen hinsichtlich des Trinkwassers praktisch in fünf Wasserhähnen denken: Effizienz, Entsalzung, Regenwasser, Recycling und Wasseraufbewahrung.«, sagt der Direktor von ReNUWIt, eines Think-Tanks zur »Neuerfindung urbaner Wasserinfrastruktur«, und bringt damit die vielfältige Problematik auf den Punkt. Natürlich haben Ingenieure für jedes Einzelproblem eine maßgeschneiderte Lösung parat, von riesigen Regenwasseraufbereitungsbecken bis hin zu modernsten Meerwasserentsalzungsanlagen. Doch selbst wenn es gelingt, sie aufgrund der immensen Kosten zu realisieren – sie werden nur kurzfristigen Aufschub gewähren. Wenn die Meere weiter steigen, wird es sich als kostengünstiger erweisen, die Küstenstädte aufzugeben, als den Versuch zu unternehmen, sie gegen die Unbilden der Natur zu schützen. Kalifornien wird vielleicht früher an seine Grenzen gelangen als andere Erdgegenden, denen »nur« ein steigender Meeresspiegel droht.

43 Anzahl der Personen pro Land, deren Siedlungsgebiet im Jahr 2100 voraussichtlich unter Wasser stehen wird (angenommen wird ein Meeresspiegelanstieg um 50 bis 70 Zentimeter).

Die Ökonomie des Klimawandels

Was es kosten würde, unsere Küstenstädte neu zu errichten, will man sich gar nicht vorstellen, geschweige denn, welche kulturellen Schätze, welche spezifischen »Stadtindividualitäten« dem Meeresspiegelanstieg geopfert werden müssten. Denn niemand würde im Ernst darüber nachdenken, Venedig oder Amsterdam als originalgetreue Kopien neu zu errichten. Blicken wir auf die Kosten, die in der jüngeren Vergangenheit zur Bewältigung von Naturkatastrophen entstanden sind, erhalten wir einen Hinweis darauf, was in ökonomischer Sicht auf uns zukommt.

An der Spitze steht immer noch Hurrikan Katrina und damit ein Wetterereignis, das mit fortschreitendem Klimawandel nicht nur häufiger auftreten wird, sondern mit tendenziell immer größerem Zerstörungspotenzial. Im Jahr 2005 verursachte der Sturm Versicherungsschäden in Höhe von rund 85 Milliarden US-Dollar (eine wissenschaftliche Studie auf Basis eines ökonomischen Bewertungsmodells kam sogar auf 156 Milliarden Dollar).[7] Nach Angaben des Rückversicherungsunternehmens MunichRe summierten sich die Gesamtschäden, welche die über 800 Naturkatastrophen des Jahres 2019 auslösten, auf 150 Milliarden US-Dollar; im Jahr 2020 lagen die Schäden mit 210 Milliarden US-Dollar noch einmal deutlich darüber. Ernst Rauch, führender Klima- und Geowissenschaftler der Munich Re, sagte hierzu: »Auch wenn Wetterextreme eines Jahres nicht direkt auf den Klimawandel zurückgeführt werden können und zur Einordnung ein längerer Zeitraum betrachtet werden muss: Diese Extremwerte passen zu den erwartbaren Folgen eines jahrzehntelangen Erwärmungstrends von Atmosphäre und Ozeanen, der sich auf Risiken auswirkt: Zunehmende Hitzewellen und Dürren heizen Waldbrände an, starke tropische Wirbelstürme werden häufiger, Gewitter ebenso. Forschungsarbeiten zeigen, dass Hitzewellen wie zuletzt in Nordsibirien 600 Mal wahrscheinlicher sind als früher.«[8]

Hurrikane, Sturmfluten und Überschwemmungen sowie Hitzeperioden und Waldbrände werden mutmaßlich die häufigsten Katastrophen sein, die der Klimawandel mit sich bringt. Alle verfügen sie über das Potenzial, enorme volkswirtschaftliche Schäden zu verursachen, sei es durch die Zerstörung menschlicher Infrastrukturen, durch Ernteausfälle, Wasserknappheit oder Belastungen der Gesundheitssysteme. Das ist die schlechte Nachricht. Die (in unserem Kontext) gute Nachricht ist, dass es sich um kurzfristige Ereignisse handelt, die bewältigt werden können (oder noch selten sind): New Orleans wurde wieder aufgebaut; der europäische Hitzesommer des Jahres 2003 hat sich zumindest in dieser Intensität bislang nicht wiederholt; das »Jahrhunderthochwasser«, das 2013 weite Teile Mitteleuropas überflutete, ist nahezu vergessen.

Demgegenüber ist der Anstieg der Meere ein unumkehrbarer Prozess, mit entsprechend hohem Schadensrisiko. Im sogenannten Stern-Report kam der britische Ökonom Sir Nicholas Stern zu dem Ergebnis, dass die finanziellen Aufwendungen für europaweite Überflutungsverluste am Ende des 21. Jahrhunderts 150 Milliarden Dollar verschlingen werden – pro Jahr. Ein aktueller Bericht schätzt die Schadenskosten durch den Klimawandel für Europa auf jährlich rund 20 Milliarden Euro; in den 2050er-Jahren auf 90 bis 150 Milliarden und für die 2080er-Jahre auf Werte zwischen 600 und 2.500 Milliarden Euro, je nach Entwicklung der Treibhausgasemissionen.[9]

Noch schlimmer wird es Menschen treffen, deren Staatsgebiet zu großen Teilen oder zur Gänze vom Meer überflutet werden, wie Bangladesch oder die Malediven. Ohnehin werden es vor allem die Länder des globalen Südens sein, welche die Last des Klimawandels zu tragen haben. Jedenfalls führt jede weitere Erwärmung in den ohnehin schon warmen und oftmals trockenen Regionen zu mehr Nach- als Vorteilen. Zudem sind die Länder des Südens besonders von klimaempfindlichen Wirtschaftssektoren wie der Landwirtschaft abhängig. Oft reichen die wirtschaftlichen Kapazitäten der kapitalschwachen Entwicklungsländer dann nicht aus, um die dringend notwendigen Investitionen für die Anpassung an den Klimawandel zu stemmen.

Es ist das Verdienst des Stern-Reports, sich erstmals an einer Abschätzung aller Kosten versucht zu haben, die der Klimawandel mit sich bringen wird, inklusive derjenigen Aufwendungen, die für Maßnahmen der Anpassung fällig werden oder für solche des vorsorglichen Klimaschutzes. Vor allem aber war es interessant zu lesen, dass die gesamtwirtschaftlichen Kosten durch die rechtzeitige und vorsorgliche Einleitung effektiver Klimaschutzmaßnahmen deutlich reduziert werden können. Mit anderen Worten: je später Klimaschutzinvestitionen ergriffen werden, umso höher fallen sie letztendlich aus. Bleiben die Treibhausgasemissionen auf dem heutigen Niveau rechnet der Stern-Report bei einem globalen Temperaturanstieg von 5 bis 6 Grad, mit wirtschaftlichen Verlusten in Höhe von 5 bis 10 Prozent des Welt-Bruttoinlandsproduktes. Für besonders vulnerable Länder des globalen Südens werden es eher 10 oder mehr Prozent sein.

Klimawandelgewinner?

Betrachten wir lediglich den Aspekt des Meeresspiegelanstiegs, fällt es schwer, Gewinner zu identifizieren; dieses Schicksal wird alle tief liegenden Regionen und ihre Städte treffen, freilich unterschiedlich, in Abhängigkeit von Faktoren wie der spezifischen Topografie, dem Untergrund, des Bevölkerungswachstums und der wirtschaftlichen Möglichkeiten. Selbstverständlich wird sich das globale Mächtegleichgewicht – militärisch, ökonomisch, politisch – verlagern, so wie der Sand in den Wüsten, die in großer Zahl neu entstehen werden auf einer sich rapide wandelnden Erde.

Wie wir gesehen haben, hat sich die Welt seit dem letzten großen eiszeitlichen Zwischenspiel erwärmt, und diese Erwärmung hat den Menschen dabei geholfen, ihre Zivilisation zunächst zu erschaffen und in der Folge auszubauen und zu verbreiten. Im Verlauf der Menschheitsgeschichte hat es ein stetes Auf und Ab von Zivilisationen gegeben. Reiche florierten, erreichten ihren Höhepunkt, um wenig später zu verfallen, oftmals unter Beteiligung eines sich wandelnden Klimas. Klimaveränderungen größeren Stils führten zum Niedergang ganzer Zivilisationen, in der Regel immer dann, wenn

es kälter (etwa während des Pessimums der Völkerwanderungs-
zeit zwischen ca. 250 und 750 n. Chr.) oder trockener wurde. Die
mittelalterliche Klimaanomalie (zwischen ca. 900 und 1400 n. Chr.)
war mutmaßlich mitverantwortlich für den Niedergang zahlreicher
Kulturen Nord- und Mittelamerikas infolge von Trockenheit und
Dürren (etwa der Anazasi oder der Maya), während die gleiche
Periode in Europa als mittelalterliches Klimaoptimum bekannt ist,
mit positiven Folgen für Frankreich, England und Spanien. Die
erhöhte landwirtschaftliche Produktivität erlaubte es diesen Ländern,
sich weniger um die Ernährung ihrer Bevölkerung als um die Produktion von Kriegsmaschinerie und die Eroberung von Kolonien zu
kümmern, was allen dreien am Ende enormen Zuwachs an Macht
und Reichtum bescherte. Die neue Welt, in die wir nun eintreten,
wird sich mit Sicherheit ebenso machtvoll auf unsere Zivilisation
auswirken und dabei sowohl (wenige) Gewinner als auch (zahllose)
Verlierer hervorbringen.

Die globalisierte Welt von heute basiert weitgehend auf freiem
Handel; in Verbindung mit dem Klimawandel wird dies unzweifelhaft
zu wirtschaftlichen Verwerfungen, etwa durch den Zusammenbruch
von Lieferketten, führen. Gegenden, die heute zu kalt sind, werden
voraussichtlich zu den Gewinnern zählen, und die Geografie will es
so, dass die meisten dieser Gegenden auf der nördlichen Halbkugel
liegen, innerhalb der Hoheitsgebiete der skandinavischen Länder
(inklusive Grönland) sowie Russlands und Kanadas.

Dabei ist längst nicht sicher, dass sich die Erwärmung in den
heutigen borealen Klimaregionen ausschließlich positiv auswirkt;
entscheidend wird sein, wie sich die Niederschlagsmuster verändern.
Eine verlängerte Vegetationsperiode und höhere Nachttemperatu-
ren können ein Glücksfall für die Landwirtschaft sein. In den oben
genannten Ländern wird es zu einer deutlichen Wertsteigerung von
Ackerland kommen. Und mit der Nahrungserzeugung kommt die
Macht. Zudem werden sich in Gegenden, die bisher von Eis und/

oder Permafrost eingenommen sind, umfangreiche Mineralienressourcen auftun. Schließlich muss das Wasser des geschmolzenen Eises auch irgendwohin fließen; es wird viele neue Versorgungsquellen für Süßwasser geben. Nahrung, Mineralien und Wasser sind dann gleichbedeutend mit Macht und Einfluss auf der Welt. Wir können davon ausgehen, dass sowohl Russland wie auch Kanada als Weltmächte stärker werden als bisher. Die Vorstellung eines reichen »neuen« Russlands, das über ausreichend Militär verfügt, um seine Grenzen gegen die durch den Meeresanstieg vertriebenen Menschen zu schließen, aber auch die neu verfügbaren Ressourcen auszubeuten, erscheint vielen als Bedrohung.

Weiterhin ist Landraub in großem Stil vorstellbar, und hier wären Grönland und Antarktika sicherlich die lukrativsten Ziele. Wie wir gesehen haben, werden beide Landmassen nicht auf Dauer die Eisschränke von heute sein. Das Verschwinden ihrer Eisschilde mag das Tor zu einer neuen Kolonisierung öffnen; angesichts eines Ansturms militärisch potenter Länder werden bestehende Verträge dann vielleicht kein Gewicht mehr haben.

Wohin gehen die Verlierer?

Wie wir gesehen haben, wird der Klimawandel mehr Verlierer als Gewinner hervorbringen. Verlierer werden alle Küstenbewohner sein, Menschen, deren Heimatland zu großen Teilen oder komplett überflutet sein wird, dazu Menschen, denen das neue Klima jede Chance auf ein menschenwürdiges Dasein oder gar Überleben nimmt. Durch immer wiederkehrende Hitzeperioden wissen mittlerweile auch Nordamerikaner und Europäer, dass Hitze tödliche Folgen haben kann. Erwärmen sich die äquatornahen Bereiche weiter, werden diese Regionen unbewohnbar sein, weil bei hohen Temperaturen und gleichzeitig hoher Luftfeuchtigkeit die Fähigkeit der Thermoregulation von *Homo sapiens* schlichtweg an ihre Grenzen kommt.

Für das Jahr 2100 wird angenommen, dass knapp 50 Prozent der Weltbevölkerung Klimabedingungen ausgesetzt sein werden, bei denen die Mortalitätsrate durch Hitze an mindestens 20 Tagen im Jahr erhöht ist.[10]

Alle diese Menschen werden notgedrungen fliehen müssen. Laut »UN-Flüchtlingsbericht« (UNHCR Global Report) sind aktuell weltweit knapp 80 Millionen Menschen auf der Flucht. Rund 46 Millionen finden Zuflucht in einem anderen Teil ihres Heimatlandes, 30 Millionen mussten ihr Land verlassen.[11] Längst nicht alle fliehen vor einem sich wandelnden Klima; noch sind Krieg, Verfolgung, Armut, Hunger und Perspektivlosigkeit die Hauptgründe dafür, dass Menschen ihre Heimat verlassen.

Doch »die Auswirkungen des Klimawandels könnten bis 2050 für über 140 Millionen Klimaflüchtlinge sorgen. (…) Der Klimawandel steht in direktem Zusammenhang mit Armut und Hunger, fördert jedoch indirekt auch neue und bereits bestehende Konflikte. Offiziell ist der Klimawandel noch kein gültiger Grund für einen Asylantrag [der Begriff »Klimaflüchtling« kein rechtsgültiger Begriff, da die Flüchtlingskonvention von 1951 Umweltfaktoren nicht als Kriterien zur Definition eines Flüchtlings anerkennt[12]]. Im Jahr 2013 wurde der erste Asylantrag für Klimawandel-Flüchtlinge vom neuseeländischen Obersten Gerichtshof abgelehnt, als ein Mann aus Kiribati versuchte, diesen Status gesetzlich zu beanspruchen.«[13]

Im Jahr 2019 wurden 25 Millionen Menschen aufgrund von Naturkatastrophen vertrieben; vor Konflikten und Gewalt floh »nur« rund ein Drittel. Stürme und Monsunregen in Süd- und Ostasien sowie über dem Indopazifik waren die häufigsten Treiber für Flucht, vor allem Indien, die Philippinen, Bangladesh und China waren betroffen.[14]

Es braucht nicht viel Phantasie, um sich auszumalen, dass hier ein gewaltiges Problem auf die Menschheit zukommt. Viele Staaten sind schon jetzt überbevölkert, manche werden nicht mehr existieren –

und all deren Bewohnerinnen und Bewohner suchen nun dauerhaft Schutz in Ländern, die ebenfalls vom Klimawandel betroffen sein werden, wenn auch nicht lebensbedrohend. Werden wohlhabende Länder wie die Vereinigten Staaten, Großbritannien, die Schweiz oder der Europäischen Union die Flüchtlinge mit offenen Armen aufnehmen? Oder die potenziellen Gewinner des Klimawandels Kanada und Russland?

KAPITEL 7

Auslöschung?

Osprey Reef, Australien, 2045 n. Chr., CO_2 bei 485 ppm

Das Tauchboot Undersea Explorer näherte sich dem riesigen Tiefseeberg vom Westen her, nachdem es die ganze Nacht gegen die
Passatwinde angekämpft hatte (was allen an Bord schlecht bekam,
außer denen mit einem sehr robusten Magen). Alle atmeten auf, als
man hörte, wie der Anker ausgeworfen wurde, und das Schaukeln fast
ganz aufhörte. Das 25 Meter lange Boot kam an seinem geschützten
Ankerplatz in der Lagune zur Ruhe. Vor ihnen erstreckte sich das
riesige Riff, es lag in seiner ganzen Länge unter Wasser.

Sie würden die letzten Tauchtouristen sein, die hierherkamen,
weil die australische Regierung die umweltschädlichen Tauchboote
soeben verboten hatte. Aber eigentlich hatten die Tauchtouristen
gar keine Lust mehr auf diese traurige Landschaft, in der es kein
buntes, faszinierendes Leben mehr gab.

Das australische Osprey Reef sitzt einem Tiefseeberg auf, der
sich aus dem westlichen Pazifischen Ozean erhebt, einem Gebiet, das
auch Korallenmeer heißt, und zwar aus gutem Grund – zumindest gab
es einen solchen in einem früheren Jahrhundert, als es seinen Namen
erhielt. Ringförmig erhebt sich das Riff gegen die Oberfläche wie
ein riesiger kalkiger Schlauch, rund 24 Kilometer im Durchmesser.
Seine große zentrale Lagune beherbergt gigantische Korallenköpfe,

die die Australier Bommies nennen. Die Außenseite des Riffs wird von einer Steilwand gebildet; an manchen Stellen ist sie senkrecht, an anderen fällt eine Böschung aus abgebrochenem Kalkstein steil ab von der einen Steilwand zur anderen.

In gewisser Weise kann man diese Steilwände als Zeitmaschinen interpretieren. Wenn man den Blick von oben immer tiefer nach unten gleiten lässt, fühlt man sich an einen Baumstumpf erinnert, bei dem die Ringe immer älter werden, je weiter man ins Innere kommt. Jede einzelne Schicht der Wand lag irgendwann einmal obenauf, an den seichten Stellen, wo die kalkbildenden Organismen im warmen Wasser am schnellsten ihre ebenso mächtigen wie filigranen Gerüste bauen können. Ihr Erfolg wird ihnen aber zum Verhängnis – der ständig wachsende Riffkörper sinkt jedes Jahr ein wenig weiter ab, bis die auf Licht angewiesenen Lebewesen in der dunklen Tiefe versinken.

Am schnellsten wachsen die Steinkorallen. Sie können ihre Gerüste mithilfe symbiotischer, mikroskopisch kleiner Pflanzen bauen, den sogenannten Zooxanthellen. Diese dringen zu Beginn ihres Wachstums in die Koralle ein und vermehren sich in deren Fleisch. Es ist ein guter Deal für beide Seiten – die Koralle bekommt, dank der chemischen Fähigkeiten der Zoonxanthellen ihr charakteristisches Gerüst gebaut, während die Zooxanthellen ein Milieu mit reichlich Kohlendioxid und Nährstoffen erhalten, die Abfallprodukte der fleischfressenden Korallenpolypen. Die Zooxanthellen bevölkern das Innere ihres Wirts in solchen Mengen, dass die Koralle dadurch ihre jeweils charakteristische Farbe erhält – je nachdem, welche dieser Pflanzengemeinschaften in ihr lebt.

Der Bootskipper blickte über das vor Anker liegende Wasserfahrzeug hinaus über die große Fläche seichten grünen Wassers. Kristallklar wie es war, auch jetzt noch, war das Riff seit der zweiten Hälfte des 20. Jahrhunderts ein Ziel für Taucher gewesen. Manche hielten es sogar für die beste Tauchregion der Erde. Das Wasser war warm und klar und das Meer wimmelte von Leben. Da waren Schwärme großer Thunfische und Haie, Wolken farbenfroher Riff-Fische und ein Festzug aus Korallen, der ein vielfarbiges Kaleidoskop aus Licht und Bewegung schuf. Dies sollte nun allerdings die letzte Fahrt auf dem Fahrplan der Schiffsflotte sein. Früher gab es ganze Armadas von Tauchbooten, die die Hobbytaucher hierherbrachten. Es war immer ein Schutzgebiet gewesen, in dem nicht nur Fischen verboten war; es gab auch sonst (außer den Ankerbojen) keinen Hinweis darauf, dass hier je Menschen gewesen waren: weder Flaschen noch Dosen fanden sich auf dem Meeresboden, auch keine Plastiktüten, die sich sonst gerne an den seichtesten Stellen eines Riffs verfangen. Hier gab es nicht einmal die Ankerschleifspuren, die an anderen Riffen so häufig zu sehen waren. Schon allein deshalb betrachteten viele Besucher Osprey Reef als einen unberührten Ort. Der Skipper aber, der sich jetzt für seinen letzten Tauchgang bereitmachte, wusste es besser. Er war ein komischer Kauz, sicher schon neunzig, aber er tauchte noch immer, und er schien sich große Sorgen zu machen. Ein alter Wissenschaftler, der in den frühen 2000er-Jahren hierhergekommen war, um die lebenden Perlboote, die man hier antraf, zu erforschen. Er murmelte unablässig vor sich hin und lamentierte über Torheit und Gier der Menschen.

Die Ausrüstung war für den Skipper so vertraut wie eine zweite Haut. Er machte sich nicht die Mühe, in den dünnen Neoprenanzug zu schlüpfen. Der war früher durchaus sinnvoll gewesen, wenn man sich unter die Temperaturgrenze bei rund 33 Metern wagte, wo kaltes nährstoffreiches Wasser aufstieg und auf das warme Oberflächenwasser traf. Der Anzug war nun nicht mehr nötig – schon seit zehn Jahren gab es kein aufsteigendes Wasser mehr. Jetzt war alles warm bis zur maximalen Tiefe für Taucher mit normalen Drucklufttauchgeräten, ja, sogar bis in die Tiefen, in die professionelle Taucher vordringen konnten. Heute war der Skipper nicht zum Tauchen gekommen, er wollte Abschied nehmen, das Dahinscheiden eines alten Freundes betrauern. Neben ihm gab es noch ein paar wenige andere Taucher, alte Hasen von Osprey, die über alles Bescheid wussten, nicht nur hier in den äußeren Riffen, sondern im gesamten Great Barrier Reef. Vor allem im Great Barrier Reef!

Er sprang vom breiten Heckbalken ins Wasser, kam wieder hoch, orientierte sich und schwamm dann Richtung Steilwand. In der kristallenen Klarheit des Wassers hob sich kühn die steinerne Wand ab, die Tiefen, aus denen sie kam, versanken in der Dunkelheit, im samtenen Schwarz des Abgrunds. Ein letztes Mal durchforschte er diese Dunkelheit nach den patrouillierenden weißen Spitzen, nach Kupferhaien oder Fuchshaien; aber es waren überhaupt keine Haie zu sehen, und auch keine Spanischen Makrelen oder sonst irgendein Fisch. Mit kräftigen Schwimmstößen erreichte er die Wand des Riffs. Sie war vielfarbig, wie ein schweres, in allen möglichen schreienden Grüntönen bemaltes Möbelstück. Hier gab es Fische, ein oder zwei Arten; sie waren damit beschäftigt, den Wald photosynthetischer Bakterien abzugrasen, der das Riff zum großen Teil bedeckte. Hier und da sprossen aus längeren grünen Algen bartähnliche Gebilde, die sich in der Dünung hin und her bewegten, aber im Wesentlichen war es grün – und schleimig wie ein riesiger Spucknapf für die Menschheit.

Im Jahr 2035 hatte man die letzten Korallen gesehen. Das war der Zeitpunkt, als die Oberflächentemperatur hier auf über 32 Grad Celsius anstieg. Danach begann sich diese Wärme Jahr für Jahr nach unten auszudehnen und zerstörte die tieferen Gorgonien und ganz unten die filigranen Alkyonarien. Manchmal stiegen große Mengen ebenfalls warmen Wassers aus der dunklen Tiefe hoch und verwirbelten und vermischten sich mit dem salzreichen und stark säurehaltigen Oberflächenwasser. Das gesamte Riff hatte seine Mieter ausgetauscht. Die Korallen, die hier früher sehr häufig waren, waren durch Mikroben ersetzt worden, die in heißem, saurem Wasser gedeihen. Dies war kein Korallenriff mehr, und auch das Meer verdiente seinen alten Namen nicht mehr. Es war ein Bakterienriff in einem Bakterienmeer.

Alles Fiktion? Nicht, wenn es nach den neuesten Informationen des IPCC und den Studien von Korallenriffspezialisten geht, die in den 2019/20 veröffentlichten Berichten kulminierten. Im Bericht von 2019 ist zu lesen: »Für fast alle Warmwasser-Korallenriffe wird prognostiziert, dass sie signifikante Verluste an Fläche erleiden werden, lokal wird es zu Aussterbeereignissen kommen, selbst wenn die globale Erwärmung auf 1,5 Grad Celsius begrenzt wird«[1]. An anderer Stelle bemerkten Experten, dass zwischen 2016 und 2018 die Hälfte der Korallen auf dem Great Barrier Reef starben; bis sie sich wieder erholen, könnte es, so die Vorhersage, mindestens 15 Jahre dauern – falls die Erwärmung aufhört, und zwar jetzt. Das ist aber nicht der Fall. Es wird zu einer Triage kommen. Retten, was man retten kann, aber es sind bereits immense wärmesteigernde Kräfte in den Systemen der Meere eingebunden. Wir müssen jetzt um die Zukunft kämpfen, nicht mehr um die Gegenwart.

In diesem Kapitel stelle ich die These auf, dass unser Planet innerhalb einiger Jahrtausende (oder weniger) eine radikale Veränderung seiner Ozeane erleben wird. Sie werden ihren »durchmischten« Zustand verlassen und in ihren Tiefen eine warme, sauerstofffreie Schicht bilden. In der Vergangenheit waren solche Ozeane (und es hat sie über die meiste Zeit der Erdgeschichte gegeben) immer das Vorspiel zu einer biologischen Katastrophe.

Massenaussterben und Greenhouse Extinctions

Das Perm (vor 299 bis 252 Millionen Jahren) war eine Zeit der Extreme. Geprägt von der Existenz des letzten Superkontinents namens Pangäa war es damals in vielen Teilen der Erde extrem trocken, weshalb reiche Salzlagerstätten entstanden. Bis vor 265 bis 260 Millionen Jahren dauerte die sogenannte permokarbone Vereisung an, danach zeichnete sich der Trend zu einem stabilen Warmklima ab. Gegen

Ende des Perm wurde die irdische Biosphäre vom wohl größten Massensterben der Erdgeschichte heimgesucht. Es beendete nicht nur die Periode des Perm, es beendete die Ära des Erdaltertums und ließ bis zu 95 Prozent aller marinen und 75 Prozent aller terrestrischen Lebewesen dieser urtümlichen Welt für immer verschwinden. Als mögliche Hauptursache gelten großflächige vulkanische Aktivitäten

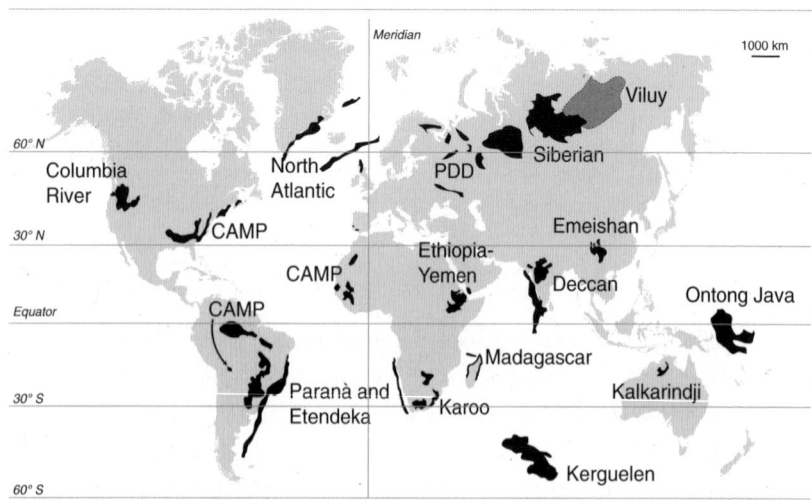

44 Übersichtskarte der größten sogenannten Large igneous provinces (LIP) oder Flutbasalte; sie gelten als eine der Hauptursachen von Massenaussterben. Die Sibirischen LIP waren wohl für das größte derartige Ereignis an der Perm-Trias-Grenze verantwortlich.

im Gebiet des heutigen Sibiriens, die mehrere Hunderttausend Jahre andauerten und gewaltige Mengen vulkanischen Gesteins (sogenannte Trapp- oder Flutbasalte) zutage förderten.

Zwei Forscherteams haben wichtige Beiträge zur Entschlüsselung der Ereignisse des permischen Massenaussterbens beigetragen. Jeffrey Kiehl fand über die damaligen Meere heraus, dass auch sie erdumspannende marine Förderbänder (vgl. weiter unten) aufwiesen, dass diese im Verlauf des Perm jedoch immer schwächer wurden.[2] Als die sibirischen Flutbasalte den Höhepunkt ihrer Fördertätigkeit erreicht hatten, hat sich die CO_2-Konzentration der Perm-Atmosphäre in kurzer Zeit mindestens verdoppelt, wenn nicht verdreifacht; eine Studie von 2014 geht sogar von einem kurzfristigen Spitzenwert von 7.000 ppm aus.[3] Die damalige Erde hat sich in geologisch kurzer Zeit dramatisch erwärmt, ebenso dramatisch hat sich der Zustand der Ozeane verändert: von einem »gemischten« Zustand (wie heute) zu einem stabil geschichteten, mit wenig Sauerstoff am Meeresboden und höheren Gehalten an der Oberfläche. Ursache für den Wechsel von sauerstoffhaltigen zu anoxischen Bedingungen war eine Positionsveränderung derjenigen Stelle, an der Wasser absinkt, um das Bodenwasser zu bilden – oder der weitgehende Stillstand der Zirkulation.

In einer im Jahr 2005 veröffentlichten Studie untersuchte der Geochemiker Lee Kump von der Penn State University ebenfalls Zusammenhänge zwischen Massenaussterben und Klimawandel.[4] Seine These: Neben einer globalen Erwärmung als Treiber waren riesige Mengen Schwefelwasserstoff für das größte bekannte Massensterben verantwortlich. Das H_2S – dessen Konzentration so hoch gewesen sein muss, dass es sprudelnd in die Atmosphäre entwich – wurde von Mikroben produziert, die Schwefel statt Sauerstoff veratmeten. Die dafür notwendigen enormen Nährstoffmengen kamen über Flüsse ins Meer, die abtransportierten, was eine aufgrund erhöhter Temperaturen intensivierte Gesteinsverwitterung an Land bereitstellte. Großräumige Sauerstoffarmut und die Veränderung ganzer Stoffkreisläufe in den überdüngten Ozeanen war die Folge. Von nun an war es also möglich, einen Zusammenhang zwischen Ereignissen am Ende des Perm und Veränderungen in der Ozeanografie herzustellen, inklusive der Lieferung eines Killermechanismus' aus Schwefelwasserstoff. Er könnte tatsächlich der schlimmste Effekt globaler Erwärmung sein.

In den letzten knapp 550 Millionen Jahren gab es mindestens fünf Zeitabschnitte, in denen die Mehrheit der lebenden Arten plötzlich ausstarb. Die Evolutionsbiologie geht davon aus, dass sich das Artenspektrum allmählich wandelt, indem sich Organismen an sich verändernde Umweltbedingungen anpassen. Massenaussterben sind hingegen Beispiele natürlicher Selektion, wie sie erbarmungsloser nicht sein könnte, denn sie vernichten »auf einen Schlag« große Mengen von Spezies in einer Art und Weise, die alles andere als typisch für die Evolution ist.

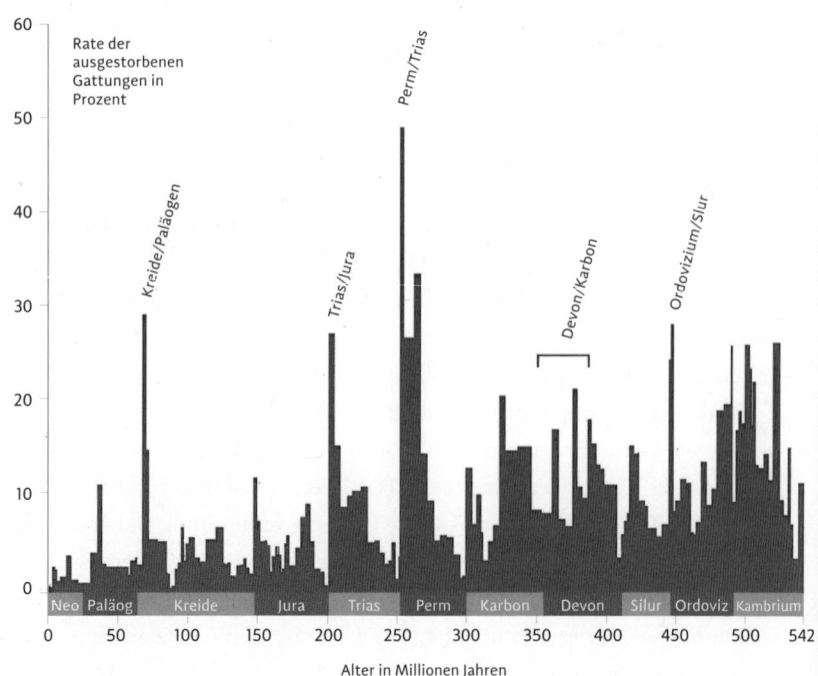

45 Rate der ausgestorbenen marinen Gattungen und Massensterben in der Erdgeschichte. Die fünf hervorgehobenen Ereignisse gelten als die »Big Five« der Massenaussterben innerhalb der letzten rund 540 Millionen Jahre.

In den 1980er-Jahren stellte, wie bereits erwähnt, der Physiker und Nobelpreisträger Luis Alvarez gemeinsam mit seinem Sohn die Hypothese auf, dass die Massenaussterben der Vergangenheit durch den Einschlag von Asteroiden verursacht worden seien. Nach und nach akzeptierten die meisten Wissenschaftler diese Theorie, und für das Ende der Dinosaurier konnte tatsächlich ein passender Einschlagskrater gefunden werden. Die Ursachen für die übrigen vier Massensterben liegen aber immer noch unter der Decke von Hunderten von Millionen Jahren Erdgeschichte, die sich seitdem angesammelt hat, verborgen (jedenfalls hat bislang noch niemand einen glaubhaften Beleg dafür gefunden, dass der Tod aus dem All kam). Wie oben beschrieben, sieht es eher so aus, als sei zumeist eine kurzfristige globale Erwärmung die Schuldige gewesen und der Tod aus den Meeren gekommen. Ich habe mehrmals im Detail beschrieben, wie diese Massensterben abgelaufen sind, in jedem Beitrag stellte ich Überlegungen an, ob sich solche Ereignisse wiederholen könnten oder nicht. Bevor wir dazu kommen, wollen wir nochmals zusammenfassend einen Blick darauf werfen, wie diese vergangenen Ereignisse abgelaufen sind.

Zuerst erwärmt sich die Erde in kurzen Zeitabschnitten infolge eines plötzlichen Anstiegs von Kohlendioxid und Methan, angestoßen durch die Entstehung großer Mengen vulkanischen Gesteins, die man Flutbasalte nennt. Auf einer wärmeren Erde verschiebt sich das Zirkulationssystem der Ozeane, allmählich verdrängt warmes, sauerstoffarmes Wasser das bis dato kalte Bodenwasser. Die Erwärmung setzt sich fort (vor allem an den Polen), die Temperaturdifferenz zwischen Äquator und Pol nimmt ab, der Antrieb für Winde geht verloren, die Oberflächenströmungen der Ozeane kommen fast zum Stillstand. Das sauerstoffreiche Oberflächenwasser durchmischt sich immer weniger mit dem sauerstoffarmen Wasser darunter, dessen Volumen zunimmt und das deshalb nach oben »wächst«. Schließlich befindet sich das sauerstoffarme Wasser in einer Tiefe, in die Licht eindringen kann. Wenig Sauerstoff plus Licht führt zu einer starken Vermehrung grüner Schwefelbakterien, die toxische Mengen von Schwefelwasserstoff produzieren; die Rate, mit der dies geschieht, ist 2000-fach höher als heute. Das Gas steigt in die hohe Atmosphäre, wo es die Ozonschicht angreift. Daraufhin gelangt eine größere Menge ultravioletter Strahlung auf die Erde, die einen Großteil des photosynthetisch aktiven marinen Phytoplanktons tötet. Auf seinem Weg in den Himmel hinauf tötet Schwefelwasserstoff auch Teile der Pflanzen- und Tierwelt – und die Verbindung von hohen Temperaturen und Schwefelwasserstoff führt zu einem Massenaussterben auf dem Land.

Eine aktuelle Studie zum Sterben an der Perm-Trias-Grenze hat damalige geochemische Parameter erneut untersucht. Ein computerbasiertes Erdmodell zeigt, dass die Erwärmung und die mit dem CO_2-Anstieg verbundene Ozeanversauerung lebensfeindlich waren und zum Aussterben von kalkbildenden Organismen führten.[5]

Könnte sich ein solcher Vorgang wiederholen? »Nein«, meint Gavin Schmidt, einer der Experten, die die Webseite RealClimate. org betreiben. Doch sollten wir die Frage nicht so einfach abtun; wir sollten uns lieber unser wichtigstes »Lebenserhaltungssystem« anschauen, das thermohaline Strömungssystem, gelegentlich auch globales Förderband genannt.

Marine Förderbänder der Vergangenheit

Man nimmt an, dass es global wirksame Zirkulationssysteme auf der Erde immer gegeben hat, dass sie jedoch immer dann besonders stark ausgeprägt waren, wenn die Pole vereist waren. In der Vergangenheit kam es durch kurzfristige globale Erwärmung immer wieder zu Störungen bis hin zu einem Stillstand. Wird das Abschmelzen von Grönland und der Antarktis in der nahen, wärmeren Zukunft ebenfalls solche Störungen hervorrufen? Könnte es sogar schon jetzt dazu kommen? Und wenn ja, was wären dann die Folgen?

Für das heutige Klima hat die Strömung, die als Golfstrom in der Karibik beginnt und warmes Wasser bis weit in den Norden Europas bringt, zentrale Bedeutung. Während sich das salzreiche Wasser in höhere Breitengrade bewegt, kühlt es ab und sinkt, schwerer geworden, in einem gewaltigen, untermeerischen »Wasserfall« nach unten. Das nun kalte, sauerstoffreiche Wasser ist maßgeblich daran beteiligt, dass sich in unseren Ozeanen keine Schichtung ausbildet, kein sauerstoffarmes Tiefenwasser wie im Perm oder im heutigen Schwarzen Meer. Im Nordatlantik scheint eine Art Schalter zu liegen, der das System entweder an- (so wie jetzt) oder abschaltet. Veränderte sich der Ort, an dem das Wasser absinkt, oder käme das System komplett zum Erliegen, hätte das für das Klima Europa erhebliche Auswirkungen. Bereits 2004 gab es Hinweise auf eine Abschwächung des nordatlantischen Förderbands.[6] Ursache waren vermutlich große Mengen an Süßwasser, die von Grönland in den Nordatlantik flossen. Süßwasser hat eine geringere Dichte als Meerwasser, legt sich daher wie ein Deckel darüber und kann das Absinken der Strömung effektiv verlangsamen oder zum Stillstand bringen.

Wie empfindlich reagiert das Förderband auf veränderte Rahmenbedingungen bzw. was wäre notwendig, um eine kurzfristige, aber radikale Veränderung herbeizuführen? Hier gehen die Meinungen auseinander: Es gibt Klimatologen, die die atlantische Strömung für robust halten; es gibt aber auch Wissenschaftler, die überzeugt davon sind, dass das Strömungssystem sehr fein ausbalanciert ist und deshalb anfällig für Veränderung (zum Beispiel Richard Alley, dessen Buch *The Two Mile Time Machine* aus dem Jahr 2000 inzwischen zum Klassiker geworden ist). Wie in aufwendigen Computermodellen errechnet, lässt sich eine Veränderung am leichtesten bewerkstelligen, indem man Süßwasser in das System pumpt – und das ist genau das, was gerade geschieht. Das wirklich atemberaubend schnelle Schmelzen des arktischen Eises, dessen genaue Hintergründe und Mechanismen man soeben erst zu identifizieren und zu begreifen beginnt, lässt riesige Süßwassermengen entstehen, und zwar genau dort, wo sie am meisten Schaden anrichten können.

Es könnte sein, dass wir am Beginn einer Umstellung stehen, wie sie zwischen 100.000 und 10.000 Jahren vor heute immer wieder stattgefunden hat. Seither hat sich das Förderband als stabil erwiesen und dieser Stabilität ist es zu verdanken, dass die Ernten in Europa und Asien berechenbar waren und dass das Leben im Holozän wuchs und gedieh. Wie aber kann man beweisen, dass das Förderbandsystem periodisch aussetzte? Diese Erkenntnis haben wir aus der Auswertung von Eisbohrkernen, die aus dem Grönlandeisschild stammen, wie auch aus der Untersuchung von Gesteinsbohrkernen aus dem Boden des Atlantischen Ozeans gewonnen.

In den späten 1960er-Jahren gelang es dem dänischen Geochemiker Willi Dansgaard erstmals, mithilfe von Eisbohrkernen zu belegen, dass es sehr rasche Klimaänderungen gegeben hat, Änderungen, die man später mit einer Unterbrechung des marinen Förderbands erklärt hat. Während Dansgaards Schlussfolgerung der Frühzeit der Eisbohrkernforschung entstammte, standen dem Schweizer Klimatologen Hans Oeschger bereits bessere Kerne und Auswertungsmethoden zur Verfügung. Zusammen verdanken wir beiden Wissenschaftlern die Erkenntnis, dass ein abrupt wechselndes Klima in der Zeit zwischen 100.000 und 10.000 Jahren vor heute eher die Regel war als die Ausnahme. Sie fanden Belege dafür, dass sich die Temperatur in Grönland innerhalb weniger Jahre wiederholt um 8 bis 10 Grad Celsius erwärmt hat; das normale Eiszeitklima war dadurch für einige Jahrhunderte unterbrochen (festgestellt wurde eine 1.470-Jahres-Periodizität[7]). Diese Klimaerwärmungen werden nach den Forschern, die sie entdeckten, als »Dansgaard-Oeschger-Ereignisse« bezeichnet. Mehr als zwanzig solcher Ereignisse wurden während der letzten, der Würm/Weichsel-Kaltzeit, identifiziert. Als Grund wird eine Störung im Ozeansystem angenommen, während der warmes Atlantikwasser an Island vorbei weit nach Norden vordringen konnte. Die Wärme ließ das Meereis schmelzen und die Temperatur der gesamten Region ansteigen.

Doch damit war die Geschichte nicht zu Ende. Man erkannte, dass jeder dieser Dansgaard-Oeschger-Zyklen Teil eines größeren Musters war. Diese weiter reichenden Erkenntnisse wurden aus Gesteins-bohrkernen gewonnen. Pionier war hier der Geologe Gerard Bond aus Lamont; er war einer meiner Kollegen, als wir in Davis an der Universität von Kalifornien lehrten. Er verglich Erkenntnisse aus Eis-bohrkernen mit Sedimentkernen aus Tiefseebohrungen. Er war davon überzeugt, dass die im Eis manifestierten Klimaänderungen auch in den Sedimentbohrkernen zu sehen sein müssten. Mit viel Aufwand registrierte er Art und Anzahl benthischer (bodenlebender) Forami-niferen, die nach ihrem Absterben mikroskopisch kleine Partikel im Sediment hinterlassen. Andere Forscher hatten bereits festgestellt, dass sich bestimmte Arten dieser Forams, wie man sie weniger förmlich nennt, nur in kaltem Ozeanwasser finden lassen, während andere für warmes Wasser typisch waren. Auf diese Weise hatte Bond ein zwar grobes, aber doch nützliches Paläothermometer zur Verfügung. Diese Methode konnte nicht genau bestimmen, wie hoch die Temperatur lag (dazu gab es eine andere Methode, die die Menge verschiedener Isotope des Sauerstoffs ins Verhältnis setzt). Aber es ging erheblich rascher, wärme- bzw. kälteliebende Arten auszuzählen als die müh-same und vor allem kostspielige Analyse Tausender Foraminiferen-Individuen. Jedenfalls erkannte Bond, dass nach einem besonders intensiven Erwärmungsereignis mehrere Dansgaard-Oeschger-Zyklen folgten, die eine stufenweise fallende Durchschnittstemperatur aufwie-sen. Mit jedem DO-Zyklus war die darauffolgende rasche Erwärmung geringer als beim jeweils vorhergehenden. Der letzte Zyklus endete in einem extrem kalten Zeitabschnitt, in dessen Sedimenten sich viele kleine Steine (sogenannte Dropstones) fanden; solche Partien wurden zu Ehren ihres Entdeckers, des deutschen Forschers Hartmut Heinrich, Heinrich-Schichten genannt.

Die Dropstones waren die Hinterlassenschaften von treibenden Eisbergen, die ihre Fracht freigaben, indem sie langsam abschmolzen. Die Sedimentkerne wiesen während der Heinrich-Ereignisse Bereiche auf, die fast nur aus solchen Geschieben bestanden. In periodischen Abständen wuchsen die Gletscher auf dem amerikanischen Kontinent offensichtlich stark an und wurden instabil, sodass Armadas von Eisbergen durch den nördlichen Atlantik drifteten (ein Glück, dass damals keine Ozeandampfer wie die Titanic unterwegs waren). Schließlich stellte Bond fest, dass die rasche Erwärmung, die dem Eisbergereignis folgte, wieder intensiver ausfiel als die vorhergehenden.

In den letzten 100.000 Jahren zählten Forscher 6 Heinrichereignisse und 20 DO-Zyklen.[8] Das Klima war während dieser Zeit überwiegend kalt bis sehr kalt. Auf den Nordkontinenten konnten so riesige Eismassen entstehen. Die warmen Episoden zwischen den längeren Kälteperioden waren kurz, fünf bis sechs Mal bevölkerten große Eisbergflotten den Nordatlantik und schalteten das Zirkulationssystem ab. Die letzten 10.000 Jahre sind gegen die Norm auffallend stabil – und warm.

Klima und thermohaline Zirkulation – gestern, heute und morgen

Wurde das Klima der letzten rund 100.000 Jahre maßgeblich durch die Ozeanzirkulation geprägt? *

Sind Erwärmung und Abkühlung eine Folge variierender Hitzemengen von außerhalb der Erde, etwa von unterschiedlichen Mengen an Sonnenlicht infolge von Veränderungen in der Umlaufbahn der

---

* Das Alternieren von Kalt- und Warmzeiten wird durch die sogenannten Milankovitch-Zyklen, ein Schwanken dreier Erdbahnparameter, gesteuert; bei den DO-Ereignissen handelt es sich um kurzfristigere Schwankungen des Strömungssystems innerhalb einer Kaltzeit; Heinrich-Ereignisse sind vermutlich vor allem auf Eisschild-Instabilitäten zurückzuführen.

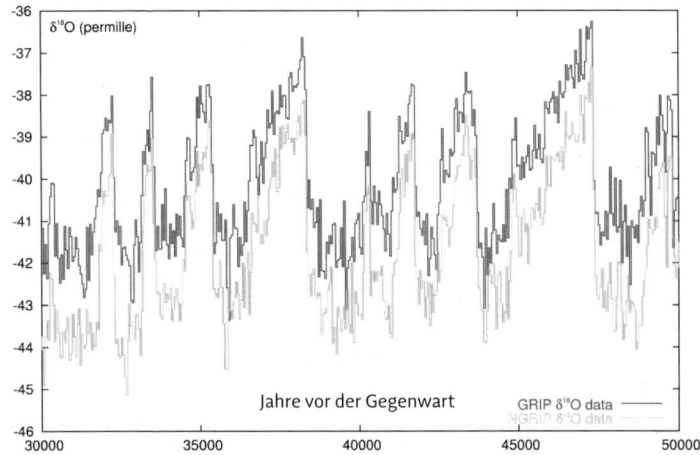

46 Aus der Auswertung von Eisbohrkernen konnten erhebliche Temperaturschwankungen nachgewiesen werden. Neben Glazialen (Kaltzeiten) und Interglazialen (Warmzeiten) kam es vor allem in den längeren Kaltzeiten zu einer Vielzahl weiterer Klimaschwankungen (z. B. Dansgaard-Oeschger-Ereignisse).

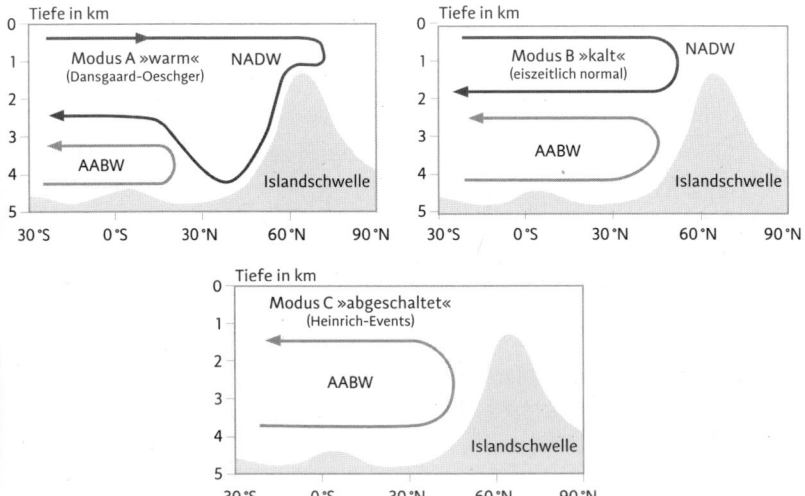

47 Schematische Darstellung der drei Modi der thermohalinen Zirkulation im Pleistozän. NADW = Nordatlantisches Tiefenwasser, AABW = Antarktisches Bodenwasser (weitere Erklärung im Text, S. 212).

Erde um die Sonne? In diesem Szenario wäre das An- und Abschalten des Förderbands eine *Folge* der Warm-/Kaltzeit-Zyklen. Vielleicht ist das An- und Abschalten des Förderbands aber die *Ursache*, die das Erdklima in die eine oder die andere Richtung kippen lässt? Fließen große Mengen Süßwasser in das System (durch eine Vielzahl weit nach Süden vordringender Eisberge etwa), stoppt das Förderband und die Erde kühlt sich rasch ab. Springt das Förderband wieder an, kommt es zu einer plötzlichen Erwärmung. Während der extrem kalten Abschnitte stand das Förderband offensichtlich still (Modus C in Abbildung 48), in den »eiszeitlich normalen«, kalten Abschnitten lief es wieder an und blieb in Aktion (Modus B). Im Modus A kam es zu den kurzfristigen Wärmepeaks der DO-Ereignisse.[9]

Inwieweit sind diese Modi für unsere Zukunft relevant?

Sie zeigen uns, welche Bedeutung die weltumspannende Ozean-zirkulation auf das Globalklima hat. Sie zeigen uns ferner, dass das System rasch kippen kann (auch wenn die hier skizzierten instabilen Modi A und C offensichtlich nur in kalten Perioden wirksam sind). Dass ein »Süßwasserdeckel«, wie er etwa durch den Zufluss großer Schmelzwassermengen in den Nordatlantik entsteht, die Entstehung von Tiefenwasser hemmen bzw. unterbinden kann, ist ebenfalls hin-länglich bekannt.

Um etwas über unsere Zukunft in einer deutlich wärmeren Welt auszusagen, müssen wir weiter in die Vergangenheit zurück-blicken. Und hier fällt, wie bereits erwähnt, ein grundsätzlicher Wechsel zwischen Zeiten *ohne* Eis (etwa während des Mesozoikums vor 66 bis 250 Millionen Jahren) und Zeiten *mit* Eis (seit Beginn der Antarktisvereisung vor 35 Millionen Jahren, kulminierend im pleistozänen Eiszeitalter der letzten 2,5 Millionen Jahre) auf. Es scheint durchaus wahrscheinlich, dass wir angesichts der aktuell stark ansteigenden CO_2-Werte und Temperaturen im Begriff sind, das pleistozäne Eiszeitalter hinter uns zu lassen und in eine »echte Warmzeit« einzutreten.

Der renommierte Klimatologe Joachim Schellnhuber spricht in Interviews und Vorträgen von zwei möglichen Zukünften, denen wir entgegengehen: Im *besten Fall* landeten wir klimatisch(!) im mittleren Pliozän (vor 3 bis 4 Millionen Jahren) bei um 2 bis 3 Grad Celsius höheren Temperaturen, CO_2-Werten zwischen 400 und 450 ppm und einem um 10 bis 22 Meter höheren Meeresspiegel; die *aktuelle Perspektive* lässt aber befürchten, dass es das mittlere Miozän (vor 15 bis 17 Millionen Jahren) sein wird, mit CO_2-Werten um 500 ppm, einer um 4 bis 5 Grad wärmeren Welt und bis zu 60 Meter höher stehenden Meeren. Um 10, 22 oder 60 Meter höhere Meere – das ist in jedem Fall eine andere Welt, in der alles, was in den vorherigen Kapiteln beschrieben wurde, eintreten würde: das Eindringen von Salz und der Verlust von fruchtbaren Flächen, der Verlust zahlreicher Küstenstädte und daraus folgend Migration und Hunger.

Bei 60 Meter höher stehenden Meeren wäre das Eis der Erde mehr oder weniger komplett abgeschmolzen und es ist fraglich, ob die Erde dann nicht über die Klimabedingungen des Miozäns hinausschießen könnte. »In einer extremen Treibhauswelt ohne Eis gibt es keine Rückkopplungen durch die Eisschilde mehr«, mahnt der renommierte Ozenograf und Paläoklimatologe James C. Zachos, »und das verändert die Klimadynamik.«[10] Eine aktuelle Studie von Burke und Kollegen gibt für den Worst Case (ICCP-Pfad RCP 8.5) entsprechend an, dass »der Abkühlungstrend der letzten 50 Millionen Jahre binnen zwei Jahrhunderten rückgängig gemacht« werden könnte und das Eozän das beste Analogon für die Zukunft sei.[11]

Vielleicht ist der komplette Verlust des Eises aber auch die Initialzündung für ein extremes Treibhausklima wie wir es kurzfristig am Ende des Perm hatten – oder das letzte Mal vor rund 56 Millionen Jahren. Im sogenannten PETM (paläozän-eozänes Temperaturmaximum) stiegen die CO_2-Werte in der Atmosphäre sehr kurzfristig von etwa 1.000 auf 1.500 bis über 4.000 ppm,[12] die Durchschnittstemperaturen innerhalb von wenigen Tausend Jahren um bis zu

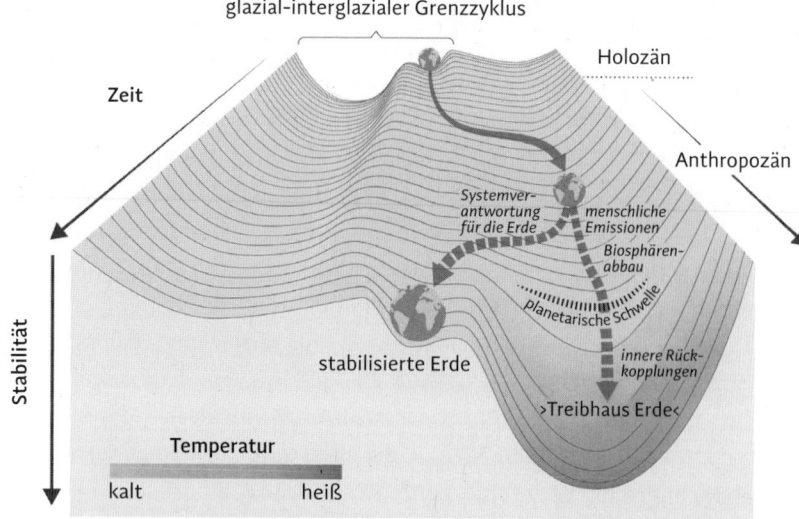

glazial-interglazialer Grenzzyklus

Holozän

Zeit

Anthropozän

Systemver-
antwortung
für die Erde

menschliche
Emissionen

Biosphären-
abbau

Stabilität

planetarische Schwelle

stabilisierte Erde

innere Rück-
kopplungen

>Treibhaus Erde<

Temperatur

kalt   heiß

48 Welchen Weg wird die Erde einschlagen? Von den künftigen Emissionen von Treibhausgasen wird abhängen, ob die Erde zum Treibhaus wird oder weiterhin in einem
stabilen Zustand (wie im Holozän) bleibt.

sechs Grad. Vermutlich war eine Phase mit starkem Vulkanismus im damals noch deutlich schmaleren Atlantik verantwortlich; die ausfließende Lava drang in Sedimente ein, die viel Kohlenstoff enthielten, und diesen mobilisierten.[13] Andere Erklärungsansätze gehen davon aus, dass sich das globale marine Förderband veränderte und dies zur Freisetzung von Methan führte.[14] Auf den Kontinenten machte eine gemäßigt warme Welt Platz für tropische Verhältnisse rund um den Globus – im Meer bildeten sich Todeszonen und es kam zu einem Aussterbeereignis. Forscher gehen davon aus, dass damals kurzfristig 5.000 Gigatonnen (5 Milliarden Kilotonnen) Kohlenstoff freigesetzt wurden, und damit genau so viel wie der Mensch bis zum Jahr 2400 produziert haben wird, wenn die CO_2-Emissionen aus der Verbrennung fossiler Brennstoffe auf dem »Business-as-usual«-Pfad bleiben.[15]

Wieder könnte es daran gelegen haben, dass sich die Mikrobiologie der Ozeane radikal verändert hat. Könnte das der Pfad sein, auf den wir uns zubewegen? Die aktuellen marinen Mikroorganismen, meist Formen, die Sauerstoff benötigen, würden verschwinden, an ihre Stelle würden neue Arten treten, für die Sauerstoff giftig ist. Unter diesen gibt es Formen, die Schwefelwasserstoff produzieren. Wenn genug Zeit zur Verfügung steht, steigt die Menge dieses Gifts so stark an, dass es in großen Blasen aus seiner Lösung entweicht, als gewaltiger »Furz« mit tödlichen Folgen. Es könnte also sein, dass die größte Gefahr für die menschliche Spezies nicht Asteroiden sind, die aus dem Weltraum herabstürzen, auch nicht neue Krankheiten oder ein globaler Atomkrieg; die größte Gefahr für die menschliche Spezies wäre das Ende der Ozeanzirkulation einer Hothouse Earth.[16]

In einer viel beachteten Studie aus dem Jahr 2018 haben einige der namhaftesten Wissenschaftlerinnen und Klimaforscher, unter ihnen Will Steffen, Johan Rockström und Hans Joachim Schellnhuber, untersucht, wie hoch das Risiko ist, dass wir in einer »Treibhauserde« landen werden. Schematisch zeigen sie in einer der Abbildungen ihrer Studie (vgl. Abbildung 48) mögliche Pfade auf: Die Erde des Holozän, unsere heutige erdgeschichtliche Heimat, die uns viel Wohlstand ermöglicht hat, ist klimatisch ziemlich stabil, im Gegensatz zum Pleistozän mit seinen Schwankungen (vgl. Abbildung 47). Auf diesem Pfad gilt es zu bleiben, um nicht durch Überschreiten planetarer Schwellen (sogenannter Kipppunkte) durch diverse Rückkopplungsmechanismen in einem »Hothouse« zu landen, wie es zuletzt in den ersten sechs bis neun Millionen Jahren des Eozäns vorherrschend war. Von diesen Kipppunkten gibt es eine ganze Reihe, die beim Überschreiten unterschiedlicher Temperaturschwellen erreicht und überschritten werden, etwa der Kollaps der Eisschilde Grönlands und der Westantarktis oder das Auftauen des sibirischen Permafrosts (siehe dazu auch Seite 93).

Unter der Überschrift »Alternative Stabilized Earth Pathway« ist dort zu lesen, dass wir uns aktiv darum bemühen müssen, das

Erdsystem im Zustand eines »Super-Holozän« zu halten, in dem die Temperaturen global maximal zwei Grad höher liegen (bezogen auf den vorindustriellen Wert). Eine derart »stabilisierte Erde« würde »tiefgreifende Einsparungen bei den Treibhausgasemissionen, die Bewahrung und die Förderung von Kohlenstoffsenken in der Biosphäre sowie Maßnahmen zum Entzug von CO_2 aus der Atmosphäre erfordern, dazu möglicherweise das Management der Sonnenstrahlung und die Anpassung an unvermeidbare Auswirkungen der bereits auftretenden Erwärmung.«[17]

Im abschließenden Kapitel wollen wir uns ansehen, welche Maßnahmen hier infrage kommen und diskutiert werden.

KAPITEL 8

Den katastrophalen Meeresanstieg stoppen

Weltraum, 3200 n. Chr., CO_2 bei 450 ppm, fallend

Vom All aus betrachtet bot die Erde ein ganz neues Bild. In vielen Ländern waren riesige schwarze Felder zu erkennen – man hatte nun endlich auf erneuerbare Energien gesetzt und billige Solarzellen entwickelt. In bestimmten Erdregionen erzeugten diese enormen Flächen Elektrizität, das war nicht ästhetisch, aber erfolgreich. Die Waldflächen waren stark gestiegen, an den Küsten breiteten sich wieder Mangroven aus.

Auf der Nachtseite des Planeten war eine ganz entscheidende Veränderung zu beobachten. Sie bot nicht länger das Bild eines lichtverpesteten Weihnachtsbaums auf Steroid. Die Leuchtstreifen, die sich früher entlang der gesamten Ost- und Westküste von Nordamerika, über fast ganz Asien und Europa zogen und die Astronomen im späten 20. und frühen 21. Jahrhundert so sehr in Rage gebracht hatten, waren stark heruntergedimmt. Die Riesenstädte besetzten zwar nach wie vor die dunklere Seite des Planeten mit Edelsteinen, aber das waren jetzt kleinere, vereinzelte Lichtdiamanten und nicht mehr der grelle Protz billigen Modeschmucks, der sich damals breitgemacht hatte, als die Städte sich ausdehnten und die Vorstädte ihrerseits an den kreuz und quer verlaufenden Schnellstraßen

Metastasen bildeten. Die Städte hatten inzwischen ihren Umfang verkleinert. Viele der ausgeuferten Straßenspinnennetze waren weggefallen. Es wurde sehr viel mehr Energie darauf verwendet, die Nacht gegenüber den menschlichen Aktivitäten zu verteidigen. In dieser neuen Welt sollte die Nacht in Dunkelheit gehüllt sein.

Die Küsten waren aber auch mit Verteidigungsbastionen gegen die steigenden Meere bestückt – mit Deichen, vor allem aber Sandbarrieren vor der Küste und Sperren innerhalb der Mündungen. All das war extrem kostspielig, aber es sicherte die wertvollen Flächen hinter den Küsten. Das Beste aber war, dass das Meer nicht mehr stieg. Das Eis hatte aufgehört zu schmelzen. Der letzte Zählstrich stand bei einem Anstieg von **zwei** Metern. Das hatte zwar ausgereicht für viel Elend, für Verlust und Tod, blieb aber weit hinter dem zurück, was alles hätte passieren können. Dass es nicht so weit kam, gab es aber nicht umsonst. Die Menschen konnten nicht mehr uneingeschränkt reisen. Es gab empfindliche Geldbußen für diejenigen, die ohne triftigen Grund Auto fuhren. Das Zurücklegen weiter Entfernungen wurde stark besteuert. Aber es hatte funktioniert – in einer Kombination von Emissionsreduktion im persönlichen wie im öffentlichen Bereich, dem absoluten Vorrang erneuerbarer Energien sowie groß angelegtem Bio-Engineering. Mit keiner der genannten Maßnahmen allein wäre es zu schaffen gewesen. Schritt für Schritt jedoch, und ganz wesentlich durch das massive Zurückfahren menschengemachter Treibhausgase unterstützt, wurden die Küstenstädte gerettet. Der Kipppunkt wurde nicht erreicht.

Im Norden und im Süden leuchteten die schönsten aller Juwelen der Erde in hellem Licht. Grönland und das Arktische Meer, die Antarktis und ihre Eisschilde reflektierten das Sonnenlicht in den Weltraum zurück, ein Licht, das sich nun auf eine Reise zurück in die fernsten Weiten der Galaxie begab.

Weit weg von der Erde, etwa hundert Lichtjahre entfernt, betrachtete eine andere intelligente Spezies die Erde. Sie sahen einen

Planeten, der zwar künstlich beleuchtet war, aber auch über Eiskappen verfügte, die weder wuchsen noch schrumpften. Da wussten sie, dass sie eine wirklich intelligente Lebensform gefunden hatten.

Nur wer hofft, kann etwas verändern

Die oben gezeichnete Vignette, die letzte meiner kleinen Reisen in die Zukunft, zeigt sicherlich die beste Option, die wir uns wünschen können – und vermittelt einen ersten Eindruck vom enormen Ausmaß der Veränderungen, die für diese Lösung erforderlich sind – sowohl was das Verhalten der Menschen als auch die technologische Entwicklung betrifft. Das andere Extrem ist, dass die globale Erwärmung derartige Ausmaße annimmt, dass wir nicht nur die Eiskappen verlieren, sondern ein Massensterben auslösen. So muss es nicht kommen. Wenn man sehen will, welchen Fortschritt wir gemacht haben, muss man nur die Schlagzeilen der Zeitungen von heute mit denen vor zehn, zwanzig Jahren vergleichen. Der Klimawandel kam damals in den Nachrichten deutlich weniger oft vor (zumindest abseits großer Klimakonferenzen). Heute ist er in Struktur und Bewusstsein der Gesellschaft integriert. Der Klimawandel ist nicht mehr zu übersehen, und es gibt wohl kaum mehr einen Menschen auf diesem Planeten, der dazu nicht eine Meinung hat, in die eine oder die andere Richtung. Und das ist die beste Nachricht – das Problem wird von den meisten Menschen anerkannt.

Leider sind die Nachrichten zumeist nicht so, dass sie Hoffnung machen: steigendes Kohlendioxid, steigende Temperaturen, steigende Meere. Aber mitten in all den schlechten Nachrichten blitzt doch immer wieder ein Hoffnungsschimmer auf, oft auf ganz subtile Weise – für mich reicht das aber aus, um den Weg zu skizzieren zu dem, was wir brauchen: nämlich eine Welt, in der die globale Erwärmung angehalten ist; in der die Meere nicht aus ihren Becken steigen; eine Welt, in der die Menschen nicht nur ihre Anzahl, sondern auch ihre Treibhausgasemissionen reduzieren. Insgesamt eine Welt, in der nichts anderes steigt als der globale Lebensstandard. Dahin kommen wir aber nur, wenn wir die Hoffnung nicht verlieren. Hoffnung ist nicht nur ein Motiv, sondern aus unserer derzeitigen Perspektive gesehen ein Ziel. Vielleicht sind wir an einem Punkt, an dem wir – indem wir alle unsere Kräfte aufbieten – Hoffnung schöpfen können.

Es gehört zum Menschsein, dass Leute, die keine Hoffnung haben, kaum Anstrengungen unternehmen, ihre Situation zu ändern. Aber ist die Hoffnung, von der ich spreche, überhaupt realistisch? Ich möchte am Ende dieses nicht unbedingt heiteren Buches einige konkrete Mittel und Wege beschreiben, die uns bei erfolgreicher Anwendung tatsächlich Hoffnung machen können, dass die Eisschilde nicht unkontrolliert schmelzen – und dass dann auch der Meeresanstieg nicht katastrophal verläuft (zumindest nicht für die menschliche Zivilisation).

Für mich persönlich ist das nicht einfach, denn ich bin mir sicher, dass wir uns, wenn es nicht einen gewichtigen gesellschaftlichen Wandel gibt, in eine Richtung bewegen, die auf eine in weiten Teilen überflutete Erde hinausläuft. Ich bin mir aber leider *nicht* sicher, ob wir wirklich den Willen aufbringen, das Notwendige zu tun. Und wenn wir nicht die Eisschilde retten oder zumindest große Teile davon, wie soll man dann den Schluss finden zu einem Buch über das mögliche Ende der (zivilisierten) Welt, wie wir sie kennen, und dabei den berühmten Song von R.E.M. doch immer noch zu Ende singen: »It's the end oft he world as we know it, and I feel fine«?

Nach dieser Schreiberfahrung war ich ziemlich aufgewühlt von all dem, was ich auf dem hinter mir liegenden Langstreckenlauf gelernt hatte. Soll ich so schließen, wie mir manchmal zumute ist – zutiefst besorgt, dass wir, was die Veränderung des Meeresspiegels betrifft, kein Happy End zustande bringen? Vielleicht wäre ein beruhigender

Schluss sogar kontraproduktiv, weil das Buch doch vor allem ein Ziel hat: dass die Leserinnen und Leser erkennen, wo wir stehen, und sich aufmachen, die Welt zu verändern.

Zu dem Zeitpunkt, als die letzten Wörter über meinen Computer liefen, hatte ich mich gerade mit dem Australier Tim Flannery getroffen, dem Autor des Bestsellers *The Future Eaters*; er hat auch noch viele andere wichtige und sprachmächtige Werke zum Thema Klimawandel geschrieben und über die Probleme, die daraus entstehen. Tim gehört inzwischen einer Gruppe an, die versucht, »die Welt zu retten«, über den Copenhagen Accord zur Emissionsreduktion. Er ist ein von Grund auf optimistischer Mensch. Auf die vorsichtige Nachfrage, wie viel Hoffnung er denn noch habe, sagte er, dass er sich nicht mehr mit der näheren oder ferneren Zukunft beschäftige, sondern auf die Aufgaben des morgigen Tages konzentriere. Die Zukunft ist veränderbar, und Veränderung bedeutet tagtägliche Anstrengung, für jede und jeden von uns. Manche Menschen leisten mehr als ihren Anteil. Menschen wie Flannery, die über den politischen Durchblick und die Intelligenz verfügen, echte Lösungen zu erkennen und umzusetzen. Menschen wie Flannery, die offenbar niemals müde werden. In diesem Sinne will ich versuchen, dieses Buch auf eine lösungsorientierte Art und Weise zu Ende zu bringen.

Eigentlich gibt es nur drei Möglichkeiten. Erstens, alle (oder die meisten) Deutungen und Schlussfolgerungen der gesamten wissenschaftlichen Arbeit der letzten Jahre – dass nämlich ein Anstieg des Kohlendioxids in nicht allzu ferner Zukunft zu einer katastrophalen Veränderung des Meeresspiegels führen wird – sind falsch. Im Rahmen dieses Szenarios hat Kohlendioxid tatsächlich keine Auswirkung auf das globale Klima. Alternativ ist natürlich nicht komplett auszuschließen, dass das Abschmelzen der Eisschilde nicht stattfindet, egal wie stark die Treibhausgase steigen. Oder das Eis schmilzt so langsam, dass wir uns darauf einstellen können. Mit anderen Worten, wir stellen fest, dass es viel länger dauert, als ich es in diesem Buch beschreibe. Bei dieser Variante tun wir nichts und kommen damit durch. Infolgedessen wird dieses Buch wie viele andere auch (wenn man sich überhaupt an sie erinnert), Anlass zu größter Heiterkeit sein, Zielscheibe des Spotts, nicht einmal gute Science Fiction.

Zweitens: Das Eis beginnt zu schmelzen – aber wir kümmern uns darum und stoppen die Entwicklung noch so rechtzeitig, dass wir einen größeren Zivilisationskollaps vermeiden können. Die Sterberaten bleiben überschaubar, die Wirtschaft wird rechtzeitig umstrukturiert und an die neuen Gegebenheiten angepasst. Diese Variante zeigt, dass wir die Lage tatsächlich durch eine Kombination von Maßnahmen zur Emissionsreduktion und Anpassung »in Ordnung bringen« können. So wird die Situation in Bezug auf Klima und Meeresspiegel auf eine Art und Weise stabilisiert, die die menschliche Zivilisation weiterhin gedeihen lässt. Um richtig großzügig zu sein: Selbst wenn der Meeresspiegel um zwei Meter ansteigt, können wir doch noch irgendwie damit leben (ich wäre froh um lediglich zwei Meter!).

Dann gibt es aber noch die dritte Türe in diesem Szenario – wie in der Geschichte von der Dame und dem Tiger, in der es um ein unlösbares Dilemma geht. Aus dieser dritten Tür kommt der Tiger. Hungrig und schlecht gelaunt. Die Eisschilde schmelzen, das Meer steigt und alles kommt so, wie in diesem Buch beschrieben.

Mit diesen drei sehr unterschiedlichen Möglichkeiten müssen wir uns beschäftigen. Ich meinerseits halte es für ausgeschlossen, dass die Wissenschaft derart daneben liegt und dass es keinen irrwitzig schnellen Anstieg der Temperatur geben wird und damit auch keine Überflutung der Erde. Das bringt uns zu Nummer zwei und drei, wobei bei Nummer drei klar ist, dass dies keine echte Option ist. Sich auf ein derartiges Glücksspiel einzulassen, wäre höchst fahrlässig. Bleibt also Nummer zwei. Wir kümmern uns um das Problem. Wir reduzieren die Emissionen so weit, dass die Eisdecken nicht schmelzen oder nur so weit, dass die Meere um zwei oder maximal drei Meter steigen. Das ist bitter (der Gedanke ist geradezu zynisch) für Länder wie die Niederlande und vor allem Nauru oder Bangladesch, aber wir hätten das Schlimmste verhindert. Damit das funktioniert, müssen wir sicherstellen, dass die Erwärmung begrenzt wird – auf nicht mehr als vermutlich zwei Grad Celsius.

Was dazu geschehen muss, ist längst bekannt (und es gibt zu jedem Aspekt eine Fülle herausragender Bücher), auch wenn die Ansichten dazu teils auseinandergehen, je nachdem, ob man Anhänger eines Ansatzes des Weniger ist oder glaubt, eine Green Economy (bzw. generell technologische Lösungen) wären der Königsweg.

Die »leichtere« Übung (vielleicht) wird sein, an all das heranzugehen, was wir selbst kontrollieren können: was wir essen, was wir anziehen, wie wir wohnen, was wir kaufen, woher wir unseren Strom beziehen, wie wir unterwegs sind, worin wir investieren. Selbstverständlich braucht es dazu einen Wandel im Denken, ein anderes Wertesystem (gut leben statt viel besitzen). Grüne Technik ist nicht in jedem Fall dazu geeignet, Verbesserungen herbeizuführen. Unsere Autos benötigen heute viel weniger Benzin, aber ihre Anzahl hat sich in den letzten Jahrzehnten vervielfacht, sodass alle positiven Effekte wieder aufgezehrt wurden.

Die Politik muss in vielen Bereichen den Wandel unterstützen und ermöglichen. Was wir brauchen, ist eine umfassende Agrarwende (biologisch statt erdölbasiert, vielfältig statt monokulturell, »handwerklich« statt industriell), eine echte Energiewende (die mehr ist als eine Stromwende, auf erneuerbare Energien setzt und vor allem auf Kohle und unkonventionelle Ölquellen verzichtet) und eine Mobilitätswende (in der öffentliche Verkehrsmittel, Carsharing, Elektromobilität bevorzugt und der Flugverkehr nicht mehr subventioniert wird).

Der Natur müssen wir wieder möglichst viel Raum lassen, damit sie sich frei entwickeln und in Vielfalt gedeihen kann.[1]

Und wir müssen das Bevölkerungswachstum stoppen, denn wir sind einfach zu viele Menschen, die viel zu viel (unsaubere) Energie verbrauchen. Die Ein-Kind-Politik Chinas kann nicht das Ziel sein, stattdessen benötigen wir eine bessere Aufklärung, höhere Investitionen in Frauenbildung bzw. eine Stärkung der Frauenrechte.

Natürlich werden viele Veränderungen oder Einschränkungen schmerzhaft sein. Die »Freiheit der Straße« wird der Vergangenheit angehören, weil der Schaden, der davon ausgeht, größer ist als der individuelle Nutzen. Privatautos, die jährliche Flugreise, der wöchentliche Flug zum nächsten Geschäftstermin, von vielem werden wir uns verabschieden müssen. Aber vielleicht ist das gar nicht so schlimm? Wir werden es uns auch nicht mehr leisten können, Güter über die ganze Welt zu shippern, schon gar nicht mit schwerölbetriebenen Frachtschiffen, wie sie heute üblich sind. Vieles werden wir wieder vor Ort, in der Region produzieren.

Noch liegt es an uns, ob wir den Wandel selbst gestalten oder ob er uns durch die Verhältnisse – steigende Meere, Dürren, Hitzesommer – aufgezwungen wird.

Technologische Lösungsansätze

Reichen die oben genannten Maßnahmen aus? Oder brauchen wir zusätzlich Technologien im globalen Maßstab, wobei Komplexität und Kosten dieser Maßnahmen alles bisher Bekannte übersteigen werden? Ist es möglich, notwendig oder klug, dem Klimawandel mit großangelegten technologischen Lösungen, »Geo-Engineering« genannt, zu begegnen?

Ein Bericht der (britischen) Royal Society von 2009 namens *Geoengineering the climate: Science, governance and uncertainty* kommt zum Ergebnis, dass Geoengineering eine »vielleicht unumgängliche, aber alles andere als ideale Option« ist, wenn es um die Reduktion der globalen Erwärmung geht. Der Bericht steckt zwei Kategorien von Geoengineering-Ansätzen ab: Technologien des Solar Radiation Managements (SRM) und solche des Carbon Dioxide Removals (CDR). Im Rahmen dieser beiden Richtungen werden neun »Lösungen« vorgestellt und bewertet: Pflanzenkohle, beschleunigte Verwitterung, CO_2-Abscheidung und Speicherung, Meeresdüngung, Veränderungen der Oberflächenalbedo, Veränderung der Wolkenalbedo, stratosphärische Aerosole und Weltraumreflektoren. Sie werden in Bezug auf ihre Wirksamkeit, Bezahlbarkeit und Sicherheit bewertet und danach, ob man sie schnell genug umsetzen kann. Manche Projekte (wie die gigantischen Weltraumreflektoren) erinnern an ein Comic-Titelblatt eines Science-Fiction-Groschenhefts aus den 1950er-Jahren, andere wirken eher geerdet, etwa das Einbringen von Pflanzenkohle in den Boden.

Damit man die unterschiedlichen Optionen ordnen und sortieren kann, bietet der Bericht eine hilfreiche Grafik an, in der die Effektivität der einzelnen Optionen in Bezug auf die Kosten verglichen wird. Wie zu erwarten ist, sind die meisten Optionen nicht billig (Aufforstung), manche sind nicht nur teuer, sondern zusätzlich riskant (stratosphärische Aerosole, Ozeandüngung).

Landgestützte Methoden

Im Jahr 2019 hat der IPCC-Sonderbericht, Climate Change and Land, eindrücklich aufgezeigt, wie wichtig die Art der Landnutzung für die Stabilisierung der Treibhausgasemissionen ist. Durch den Einsatz landgestützter Negativemissionstechnologien (NET) könnten über ein Drittel der CO_2-Emissionen eingespart werden.[2] Der Sonderbericht identifiziert seinerseits vier wesentliche Ansätze: BECCS (ein Verfahren zur CO_2-Abscheidung und -Speicherung, bei dem Biomasse in industriellen Prozessen verbrannt wird), Aufforstung (afforestation), Waldumbau (reforestation and forest restoration) sowie die Zugabe von Pflanzenkohle in Böden. All diese Methoden können großflächig und unter verschiedenen ökologischen Bedingungen zum Einsatz kommen und sind größtenteils auch für Länder des globalen Südens geeignet.

WÄLDER, MOORE, HUMUS   Terrestrische Ökosysteme und ihre Pflanzengesellschaften entfernen jedes Jahr rund drei Milliarden Tonnen Kohlenstoff aus der Atmosphäre. Etwa ein Drittel der CO_2-Emissionen aus der Verbrennung fossiler Energieträger und Entwaldung wird dadurch aufgefangen und das ohne unser Zutun. Aktuell sind Landnutzungsänderungen, allen voran Entwaldung, leider aber auch für über 20 Prozent aller anthropogenen Treibhausgasemissionen verantwortlich. Auf die tropische Entwaldung allein

49 In den Mooren der britischen Inseln (wie hier in Irland) und der borealen Klimazonen befinden sich riesige Mengen Kohlenstoff. Erwärmt sich die Erde weiter, können sie freigesetzt werden.

entfallen rund 16 Prozent der globalen Emissionen und sie wird aktuell, vor allem in Brasilien und Indonesien, stark vorangetrieben. Hier gilt es auf globaler Ebene anzusetzen, um weitere Entwaldung zu verhindern und Aufforstungsprojekte mit den notwendigen Finanzmitteln voranzutreiben.

Seit Jahrhunderten hat der Mensch in breitem Stil Moore entwässert, um Land oder Brennmaterial zu gewinnen. Es gibt kaum etwas, was umweltbelastender und dabei energieärmer ist als Torf, weshalb diese Art der Energiegewinnung mittlerweile nicht mehr die Bedeutung früherer Zeiten hat. Trotzdem sind Torfmoore in Gefahr, werden umgebrochen und in »Wert gesetzt«. Obwohl sie nur relativ kleine Flächen einnehmen, enthalten Moore gewaltige Mengen Kohlenstoff (657 Milliarden Tonnen; Wälder: 372 Milliarden Tonnen[3]). Diese Schätze gilt es zu erhalten, zusätzlich sollten trockengelegte Moore im großen Stil wiedervernässt werden.

Der »Papst der Bodenforschung«, Rattan Lal, beziffert das Drawdown-(Kohlenstoffentzugs-)Potenzial der Böden weltweit mit rund 130 bis 150 Gigatonnen, was einem Rückgang der CO_2-Konzentration um etwa 75 bis 80 ppm entspricht. Die von Frankreich zur Pariser Klimakonferenz gestartete »4-Promille-Initiative«[4] verfolgt das Ziel eines weltweiten Humusaufbaus. Mit der Wiederanreicherung von organischem Material in Böden um 0,4 Prozent pro Jahr könnte nach Berechnungen des französischen Agrarforschungsinstituts INRA das derzeitige Wachstum der globalen CO_2-Emissionen in der Atmosphäre kompensiert werden.[5]

TERRA PRETA, PFLANZENKOHLE, CCS   Unter diesen Schlagworten fasst man verschiedenartige Technologien der »Kohlenstoffsequestrierung« zusammen. Gemein ist ihnen, dass sie Kohlenstoff dahin zurückbringen, wo er einmal war: in den Boden. Bei der Herstellung von Terra Preta handelt es sich um eine alte Methode, die die Indigenen Amazoniens erfunden haben. Unter weitgehendem Ausschluss von Sauerstoff verschwelten sie organische Materialien (Küchenabfälle, Fäkalien), vergruben sie um ihre Siedlungen und schufen so – zunächst vermutlich unabsichtlich – extrem fruchtbare Böden. Basis der Terra preta do índio ist Pflanzenkohle (biochar), die als perfekter Nährstoff- und Wasserspeicher funktioniert. Für unseren Kontext besonders wichtig ist, dass sie, einmal in den Boden gebracht, Jahrhunderte überdauert. Mittlerweile hat sich die Technologie in alle Welt verbreitet: Über ihre Eigenschaften als Bodenverbesserer hinaus kommt Pflanzenkohle in der Wasseraufbereitung zum Einsatz oder in der Baubranche, wo sie Beton und Asphalt teilweise ersetzen kann. Es gibt nicht wenige Wissenschaftler, die der Überzeugung sind, dass diese Technologien den Klimawandel stoppen können.[6]

Große Diskrepanzen existieren bzgl. der Einschätzung diverser technisch aufwendigerer CCS-Verfahren (Carbon dioxide capture and storage). Das CO_2 wird hierbei der Atmosphäre durch technische Abspaltung am Kraftwerk entzogen und »dauerhaft« in unterirdischen Lagerstätten eingelagert. Aktuell stecken viele Technologien noch in den Kinderschuhen und sind aufgrund zahlreicher Probleme in Bezug auf Flächenverbrauch oder eine sichere Endlagerung umstritten. Beim BECCS-Verfahren, bei dem Biomasse in industriellen Prozessen verbrannt wird, ist entscheidend, woher das organische Material stammt; kommt es aus Abfällen, die sonst deponiert oder verbrannt würden, kann man darüber nachdenken – und wenn sichergestellt ist, dass das CO_2 im Gestein bleibt.

BESCHLEUNIGTE VERWITTERUNG Kohlendioxid ließe sich aus der Atmosphäre entfernen, indem man natürliche Verwitterungsprozesse beschleunigt. Die Reaktion verbraucht ein CO_2-Molekül für jedes verwitternde Silikatmolekül und speichert den Kohlenstoff in Form fester Minerale. Natürlicherweise läuft dieser Prozess im sogenannten Carbonat-Silicat-Zyklus ab, den man auch als Thermostat der Erde bezeichnet. Es handelt sich dabei um ein Rückkopplungssystem, das entscheidend dazu beigetragen hat, die Temperaturen auf einem Niveau zu halten, das die Existenz von flüssigem Wasser über die Erdgeschichte hinweg erlaubt hat – und damit auch die Bewohnbarkeit unseres Planeten. In warmen Regionen verwittert silkathaltiges Gestein schneller als in kalten; wird zu viel CO_2 entfernt, kühlt die Erde ab und die Verwitterungsrate verlangsamt sich. Der Gegenspieler ist vulkanisches CO_2, das die Temperaturen erhöht, sodass der gesamte Zyklus um eine globale Durchschnittstemperatur herum schwankt. Den natürlichen Prozess könnte man sich zunutze machen, indem man fein vermahlene Silikate über Felder und Äcker ausbringt, damit sie dort mit CO_2 reagieren.

Die Ozeane als Klimaschützer

Seit 2020 beschäftigen sich Wissenschaftler im Rahmen des Projekts OceanNETs mit Chancen und Risiken ozeanbasierter Technologien. »Bisher lag der Schwerpunkt meist auf landgestützten Methoden«, sagt David Keller vom GEOMAR Helmholtz-Zentrum für Ozeanforschung in Kiel, »obwohl der Ozean schon wegen seiner Fläche und seines Volumens eine viel höhere Kapazität zur Kohlenstoffaufnahme und -speicherung besitzt.«[7]

ARTIFICIAL UPWELLING Diese Idee geht ursprünglich auf James Lovelock (den Mann hinter der Gaia-Hypothese) zurück. Über senkrecht in die Ozeane eingebrachte Rohre wird die biologische Kohlenstoffpumpe des Ozeans intensiviert und CO_2 in der Tiefsee gebunden. Die darüber aktivierte marine Primärproduktion soll zudem eine ökosystembasierte Fischzucht ermöglichen. Während theoretische und technische Aspekte bereits gut untersucht sind, sind die ökologischen Reaktionen und biogeochemischen Folgen bislang noch wenig bekannt.

50 Mangroven schützen tropische Küsten nicht nur vor Sturmfluten, sie speichern auch große Mengen CO_2.

EISENDÜNGUNG bezeichnet die gezielte Düngung des Oberflächenwassers bestimmter Gebiete der Meere mit dem Ziel, das Algenwachstum zu fördern. Befürworter argumentieren, dass die durch die Düngung eingebrachten Stoffe wie Eisensulfat auch unter natürlichen Gegebenheiten in den Meeren vorkommen. Andere sehen die Methode kritischer und sind der Meinung, dass »Eisendüngung kein Instrument der Klimapolitik werden darf«, weil »die mittelbaren Folgen für die Meeresökosysteme schwer abzuschätzen sind«.[8]

ALKALINISIERUNG Dabei werden alkalische Mineralien (Gesteinsmehl) im Meerwasser gelöst, um den pH-Wert des Wassers zu erhöhen und damit die Fähigkeit des Ozeans, CO_2 aufzunehmen, zu steigern. Auch hier könnten unerwartete ökologische Folgen eintreten.

BLUE CARBON   Schließlich verbirgt sich unter dem Namen Blue Carbon, Blauer Kohlenstoff, Kohlendioxid, das von den Ökosystemen der Küstenmeere der Welt, hauptsächlich Mangroven, Salzwiesen, Seegräsern und Makroalgen, aus der Atmosphäre entfernt wird. Diese Methode ist letztlich das marine Pendant der oben geschilderten Aufforstung und wäre überaus sinnvoll, denn derartige Pflanzengesellschaften sind über den Kohlenstoffaspekt hinaus hervorragende Barrieren gegen Sturmfluten.

Solar Radiation Management

Abschließend soll noch kurz auf Methoden eingegangen werden, die bei der Reduzierung der Energiemengen ansetzen, welche die Erde erreichten. Da diese Energie fast ausschließlich von der Sonne kommt – die Wärme aus dem Erdinneren ist zu vernachlässigen –, betrachten wir nun noch Atmosphäre und Weltraum.

SCHWEFELINJEKTIONEN   Der Nobelpreisträger und Chemiker Paul Crutzen sprach sich dafür aus, einen stratosphärischen Sonnenschild unter Verwendung von Schwefel zu schaffen. Die Idee basiert auf einem natürlichen Vorgang: Bei Vulkanausbrüchen werden teils gewaltige Mengen Schwefel in die Stratosphäre geschleudert und so die Sonneneinstrahlung reduziert. Beim Ausbruch des Pinatubo 1991 auf den Philippinen konnte man diesen Prozess beobachten und quantifizieren: die hier entstandenen Schwefeldioxidwolken haben die Erde tatsächlich um 0,5 Grad Celsius abgekühlt. Eine gute Möglichkeit? Eine Katastrophe! Ozeane wie Seen würden weiter versauern, ein Großteil des in ihnen vorhandenen Lebens würde abgetötet.

WELTRAUMSPIEGEL   Die Idee ist simpel: Große Spiegel im Weltraum würden einen Teil der Sonnenstrahlung reflektieren – und

51 Vulkane als Vorbild: Staub- und Aschewolken von Vulkanen enthalten große Mengen Schwefel und wirken dadurch abkühlend. Geoengineering-Anhänger wollen mit (ökologisch bedenklichen) Schwefelinjektionen gegen den Klimawandel vorgehen.

so die Erde kühlen. Würde es gelingen, auch nur ein Prozent des Sonnenlichts in den Weltraum zurückzuwerfen, könnte die gesamte, seit Beginn der Industriellen Revolution generierte Menge an Treibhausgasen ausgeglichen werden. Das klingt erst einmal überzeugend, aber nur solange, bis man weiß, wie groß ein derartiger Spiegel sein müsste und wie teuer und aufwendig es wäre, ihn ins All zu schießen. Außerdem gibt es schon genug Weltraumschrott, wir brauchen nicht auch noch riesige Spiegel dort oben.

Wie wir gesehen haben, existiert im Kampf gegen die globale Erwärmung eine Vielzahl von Verfahren und Strategien mit mehr oder weniger hohem technischen Aufwand. Die bodenständigen, natürlichen Verfahren haben ihren Charme, weil sie keine ökologisch nachteiligen Folgewirkungen generieren. Sie sollten daher zuerst und im großen Maßstab vorangetrieben werden. Alle anderen »Lösungen« sind häufig extrem kostspielig *und* erzeugen eine ganze Reihe neuer Probleme. Zudem lösen sie Befürchtungen in der Bevölkerung aus und sind daher auch nur schwer vermittelbar. Stand jetzt sollten wir alle anderen Anstrengungen – von der Emissionsreduktion über die Herstellung von Pflanzenkohle bis zur Aufforstung – vorantreiben, um auf großtechnisch angelegtes Geoengineering verzichten zu können.

Bei allen Klimaschutzmaßnahmen *(mitigation)* sollten wir zusätzlich Maßnahmen zur Anpassung *(adaption)* an den Klimawandel intensivieren, vor allem in besonders vulnerablen Regionen wie Afrika (wegen der starken Klimafolgen und der geringen Anpassungskapazität), kleinen Inselstaaten (welche der Anstieg des Meeresspiegels in ihrer Existenz bedroht) und der Arktis (aufgrund der Auswirkungen durch die besonders hohen Erwärmungsraten). Aber auch in den Industrienationen der gemäßigten Breiten, die sich lange Zeit für »unverwundbar« hielten, in denen jetzt aber der Klimawandel ebenfalls spürbar ist, sollten entsprechende Maßnahmen ergriffen werden. Städte brauchen mehr Gün, um starke Hitzeperioden besser zu überstehen, in der Landwirtschaft müssen vermehrt Pflanzensorten eingesetzt werden, die gegenüber Temperaturbelastungen und Wasserknappheit robuster sind, und auch die Forstwirtschaft steht vor der Herausforderung, passende Bäume für eine wärmere Welt zu finden.

In Paris (2015) haben sich alle Staaten verpflichtet, die globale Erwärmung »deutlich unter 2 Grad Celsius« zu halten und »Anstrengungen zu unternehmen«, sie auf 1,5 Grad zu begrenzen. Für das 1,5-Grad-Ziel dürfen laut IPCC (2018) nur noch 500 Milliarden Tonnen Kohlendioxid emittiert werden. Bedenkt man, dass wir gegenwärtig bei über 40 Milliarden Tonnen pro Jahr stehen, ist dieses Budget in rund 12 Jahren aufgebraucht. Wir benötigen also möglichst rasch eine vollständige Dekarbonisierung der Wirtschaft. Die EU hat im September 2020 ein neues Klimaziel für Europa vorgeschlagen: eine Emissionsminderung um mindestens 55 Prozent bis 2030 im Vergleich zu 1990. Auch China hat sich bis zum Jahr 2060 zur Klimaneutralität bekannt; die USA müssen unter dem neuen Präsidenten Joe Biden dringend nachziehen.

Die entscheidenden Fragen sind: Kommen wir mit dem oben genannten Budget aus und was muss dazu geschehen? Einige Maßnahmen wurden in diesem Kapitel skizziert, doch wenn wir realistisch sind, haben wir bereits zu viel Zeit verloren. Forscher sind sich daher einig, dass es zu einem Überschießen kommen wird, dass die CO_2-Werte über eine als »sicher« erachtete Grenze hinausschießen werden. Um das Ruder noch herumzureißen, werden wir spätestens in der zweiten Jahrhunderthälfte effektive Negativemissionstechnologien brauchen – effektiv, aber vor allem sicher.

EPILOG
ODER DAS ZEITALTER, IN DEM SICH DAS KLIMA VERABSCHIEDET

Abschied: das heißt »weggehen«. Im Jahr 2013 schrieb ein Klimawissenschaftler im hoch angesehenen Wissenschaftsjournal *Nature* einen bedeutsamen Aufsatz mit dem Titel »Der prognostizierte Zeitpunkt für die Verabschiedung des Klimas aus der jüngsten Variabilität«. Claudio Moras' Formulierung von der »jüngsten Variabilität« ist eine verharmlosende Umschreibung für Aspekte des Klimawandels im 21. Jahrhundert, die immer extremere Formen annehmen: Dürren, Hitzewellen, historische und atypische Stürme und arktische Kälte, die zu merkwürdigen Zeiten in bislang eher gemäßigte Regionen vordringt; die gesteigerte Anzahl und Heftigkeit von Stürmen; all die Veränderungen, die jeden Menschen, wenn er nicht besonders kurzsichtig ist oder aus politischen Motiven heraus handelt, davon überzeugen, dass das »Wetter« sich seit mindestens zehn Jahren, vorsichtig formuliert, »merkwürdig« verhält.

Mittlerweile sind wir an einem Punkt angelangt, an dem die Ankündigung eines unmittelbar bevorstehenden Abschieds in der Vergangenheitsform geäußert werden müsste. Wir *sind* nicht dabei, uns zu verabschieden. Wir *haben* uns bereits verabschiedet. In der Abhandlung von Claudio Moras heißt es: »Wir rechnen damit, dass es sich beim Jahr des ›Abschieds‹ – von dem, was war, zu dem, was kommen wird – um das Jahr 2047 handeln wird. In diesem Jahr wird sich das Klima über einen Punkt hinausbewegen, den wir in den letzten 1.250 Jahren so nicht erlebt haben.«

Während ich dies hier niederschreibe, erscheint diese Feststellung anachronistisch. Um das zu erkennen, muss man sich nur die letzten fünf Jahre ansehen, die Entwicklung des arktischen Meereises, das Kalben antarktischer Gletscher, die globale Temperatur und die Anzahl extrem heißer Tage. Dann ist klar, dass wir uns keinem Abschied nähern, sondern dass das alte, stabile Klima des Holozäns bereits Geschichte ist.

In diesem Sinne haben Diskussionen und Prognosen zu unserem Thema vor Kurzem abermals neue Nahrung erhalten: Ein 2019 veröffentlichter IPCC-Special-Report konstatierte, dass selbst »eine moderate Erwärmung von 1,5 Grad Celsius, irreparable Schäden verursachen würde.« Die Projektion des Meeresspiegelanstiegs bis 2100 liegt im Worst-Case-Szenario um rund zehn Prozent höher als im letzten großen IPCC-Bericht von 2014. Genau genommen erhöhte sich die Prognose zum Meeresspiegelanstieg in der Abfolge der Berichte seit 2001 stetig, und es ist anzunehmen, dass die Zahlen im Bericht von 2021 wiederum höher ausfallen werden.

Viele Leute glauben mittlerweile, dass uns nur noch wenig Zeit bleibt, das Ruder herumzureißen. Manche glauben an den nahen Untergang. Eine solche düstere Spekulation macht aber keinen Sinn. Sie ist ein Freibrief für uns, die Hände in den Schoß zu legen. Das ist uns aber nicht erlaubt. Stattdessen müssen wir zwei Fragen stellen: Wie hoch wird das Meer »sicher« steigen und was können wir tun, um damit zurechtzukommen?

In geologischen Zeitbegriffen ist ein Jahrhundert praktisch nicht messbar; bei einem Jahrtausend ist es nicht viel anders. Aus menschlicher Sicht umfasst ein Jahrhundert in der Regel mehr als unsere Lebenszeit. Schon zwei Jahrhunderte sind für uns nur schwer zu begreifen. Wenn man aber die gesamte Geschichte der Menschheit in den Blick nimmt, ist das Jahr 1820 noch gar nicht so lange her – wie also wird es in 200 Jahren um den Meeresspiegel bestellt sein?

Bislang hören die meisten Prognosen im Jahr 2100 auf. Bislang waren die meisten dieser Prognosen Ergebnisse europäischer oder amerikanischer Forschungsarbeiten. Umso wertvoller ist es, dass jetzt neue unabhängige Einschätzungen aus asiatischen Wissenschaftszentren vorliegen. Eine im Mai 2020 veröffentlichte internationale

Studie, die von der Technischen Universität Nanyang (NTU) in Singapur geleitet wurde, kam bis zum Jahr 2100 zu ähnlichen Ergebnissen wie bisherige Untersuchungen. Alarmierend war jedoch der zweite Teil der Arbeit, in dem von einem Anstieg von fünf Metern die Rede ist – für das Jahr 2300 und für den Fall, dass die weltweiten Emissionsziele nicht erreicht werden.

Das ist eine Warnung, der wir unsere ganze Aufmerksamkeit schenken müssen. Ein Meeresspiegelanstieg von fünf Metern sprengt alles, was derzeit an praktischen Anpassungsmaßnahmen diskutiert wird.

Wie viele derartige Studien nahm die Untersuchung aus Singapur Erkenntnisse vieler verschiedener Wissenschaftler zu Hilfe, um Schätzungen zum Meeresspiegelanstieg zu erhalten, und zwar unter zwei Klimaszenarien: In dem einen gelingt es in unserer Welt, die Emissionen von Kohlendioxid und anderen Treibhausgasen, zum Beispiel des hochgefährlichen Methans, zu minimieren. In dem anderen fahren wir fort wie bisher und pusten weiter Treibhausgase in die Luft, als gäbe es wirklich kein Morgen. Das erste Szenario geht von der Vorstellung aus, dass die globale Erwärmung auf 2 Grad Celsius über dem vorindustriellen Wert begrenzt wird, und ergibt gute Nachrichten, was den Meeresanstieg betrifft – vielleicht 0,5 Meter bis 2100 und ebenso viel, aber auf jeden Fall nicht mehr als 2 Meter bis 2300. Aber wie in der Weihnachtsgeschichte von Charles Dickens gibt es auch in diesem Fall einen Geist, der das zweite, das düsterste aller Zukunftsszenarien zeigt: den Geist der hohen Emissionen mit einer Erwärmung um 4,5 Grad Celsius und einem Anstieg von bis zu 1,3 Metern bis 2100 und bis zu 5,6 Metern bis 2300.

Es scheint, als hätte die Menschheit den Planeten an den Rand des Kollapses gebracht; aber es scheint auch, dass wir unsere Zukunft noch immer erträglich gestalten können. »Normale« Säugetiere leben einige Millionen Jahre auf der Erde, doch wir Menschen sind alles andere als normal. Die Faktoren, die andere Spezies in den Artentod treiben: eine neue Krankheit, ein neuer Fressfeind, ein Verlust an Nahrungszufuhr – selbst eine Veränderung des Klimas –, werden uns wohl nicht zur Strecke bringen.

Wenn wir also fragen, was wir verhindern wollen, dann steht nicht das Aussterben unserer Spezies zur Diskussion. Wir werden überleben, aber die Welt wird eine ganz und gar andere sein, wenn wir nichts gegen den drohenden Klimakollaps unternehmen.

ANMERKUNGEN

KAPITEL 1

1 W. B. F. Ryan; W. C. Pitman; C. O. Major et al. (1997): An abrupt drowning of the Black Sea shelf. Marine Geology 138 (1–2): 119–126.

2 IPCC (2014): Climate Change 2014: Synthesis Report.

3 World Meteorological Organization (2019): WMO Statement on the state of the global climate in 2018; https://library.wmo.int/doc_num.php?explnum_id=5789

4 S. Rahmstorf (2010): A new view on sea level rise. Nature Clim Change 1, 44–45; https://doi.org/10.1038/climate.2010.29

5 M. Mengel, A. Levermann, K. Frieler et al. (2016): Future sea level rise constrained by observations and long-term commitment, PNAS March 8, 2016 113 (10) 2597–2602; https://doi.org/10.1073/pnas.1500515113

6 B. P. Horton, N. S. Khan, N. Cahill et al. (2020): Estimating global mean sea-level rise and its uncertainties by 2100 and 2300 from an expert survey, npj Climate and Atmospheric Science, Vol. 3, Artikel 18.

7 S. A. Kulp & B. H. Strauss (2019): New elevation data triple estimates of global vulnerability to sea-level rise and coastal flooding. Nature Communications, Vol. 10, Art. No. 4844.

8 https://de.wikipedia.org/wiki/Meeresspiegelanstieg_seit_1850#cite_ref-38

9 ebd.

10 N. Merz et al. (2016): Warm Greenland during the last interglacial: the role of regional changes in sea ice cover. Climate of the Past. 12: 2011–2031. doi:10.5194/cp-12-2011-2016;
C. S. M. Turney, C. J. Fogwill, N. R. Golledge et al. (2020): Early Last Interglacial ocean warming drove substantial ice mass loss from Antarctica. PNAS, Vol. 117 (8): 3996–4006; https://doi.org/10.1073/pnas.1902469117

11 A. Dutton; K. Lambeck (2012): Ice Volume and Sea Level During the Last Interglacial. Science. 337 (6091): 216–219.

12 T. M. Cronin (2012): Rapid sea-level rise. Quaternary Science Reviews. 56: 11–30.

13 Till JJ Hanebuth; Karl Stattegger; P. M. Grootes (2000): Rapid Flooding of the Sunda Shelf: A Late-Glacial Sea-Level Record. Science 288 (5468):1033–35. doi:10.1126/science.288.5468.1033

14 IPCC (2014): Climate Change 2014: Synthesis Report.

15 Neville Nicholls (2009): Estimating changes in mortality due to climate change. Climatic Change 97(1): 313-320. doi: 10.1007/s10584-009-9694-z.

KAPITEL 2

1   E. Raoul (2010): Die Ölsande von Alberta. Le Monde diplomatique, 09.04.2010;
    https://monde-diplomatique.de/artikel/!453893

2   P. D. Ward (2017): Lamarck's Revenge: How Epigenetics Is Revolutionizing Our
    Understanding of Evolution's Past and Present. London, New York et al.

3   CBC/Radio Canada (2010): B.C. natives protest Enbridge pipeline; www.cbc.ca/
    news/canada/british-columbia/b-c-natives-protest-enbridge-pipeline-1.900261

4   J. Hansen; M. Sato; P. Kharecha et al. (2008): Target Atmospheric CO_2: Where
    Should Humanity Aim? The Open Atmospheric Science Journal 2(1); doi:
    10.2174/1874282300802010217

5   N. S. Diffenbaugh, C. B. Field (2013): Changes in Ecologically Critical Terrestrial
    Climate Conditions. Science, 341 (6145): 486–492.

6   M. J. Benton, A. J. Newell (2014): Impacts of global warming on Permo-Triassic
    terrestrial ecosystems. Gondwana Research. 25 (4): 1308–1337;
    doi:10.1016/j.gr.2012.12.010

7   Phys.Org (2009): New CO_2 data helps unlock the secrets of Antarctic formation;
    https://phys.org/news/2009-09-co2-secrets-antarctic-formation.html

8   E. de la Vega; T.B. Chalk; P.A. Wilson et al. (2020): Atmospheric CO_2 during the
    Mid-Piacenzian Warm Period and the M2 glaciation. Scientific Reports 10, 11002;
    https://doi.org/10.1038/s41598-020-67154-8

9   M. D. Zelinka; T. A. Myers; D. T. McCoy et al. (2020): Causes of Higher Climate
    Sensitivity in CMIP6 Model; Geophysical Research Letters, Vol. 47 (1);
    www.bgr.bund.de/DE/Themen/Energie/Downloads/energiestudie_2019.pdf?__
    blob=publicationFile&v=6

10 Bundesministerium für Umwelt, Naturschutz und nukleare Sicherheit (BMU,
    2017): Pariser Klimakonferenz; https://www.bmu.de/themen/klima-energie/
    klimaschutz/internationale-klimapolitik/pariser-abkommen/

11 JRC Sciene for Policy Report (2019): Fossil CO_2 and GHG emissionsof all world
    countries, 2019 Report;
    https://edgar.jrc.ec.europa.eu/booklet2019/Fossil_CO2andGHG_emissions_of_
    all_world_countries_booklet_2019report.pdf

12 https://wiki.bildungsserver.de/klimawandel/index.php/Kohlendioxidemissionen

13 J. Hansen; M. Sato; P. Kharecha et al. (2008): Target Atmospheric CO_2: Where
    Should Humanity Aim? The Open Atmospheric Science Journal 2(1); doi:
    10.2174/1874282300802010217

14 T. M. Lenton, J. Rockström, O. Gaffney et al. (2019): Climate tipping points – too
    risky to bet against. Nature, 575 (7784): 592–595.

KAPITEL 3

1 E. V. Stein; E. Goren; C.-W. Yuan et al. (2020): Fertility, mortality, migration, and population scenarios for 195 countries and territories from 2017 to 2100: a forecasting analysis for the Global Burden of Disease Study. The Lancet, Vol. 396 (10258): 1285–1306; www.thelancet.com/journals/lancet/article/PIIS0140-6736(20)30677-2/fulltext

2 Statista: Weltweiter Kohleverbrauch bis 2019.

3 Statista: Größter Kohleverbrauch nach Ländern weltweit im Jahr 2019.

4 Statista: Größter Anteil an Kohlereserven nach Ländern weltweit im Jahr 2019.

5 China schließt Tausende von Fabriken wegen Smogs; www.spiegel.de/wirt-schaft/soziales/klimagipfel-in-paris-china-schliesst-tausende-fabriken-wegen-smogs-a-1065372.html;
Petra Kolonko (2017): Ein Schlachtplan gegen den Smog; www.faz.net/aktuell/gesellschaft/gesundheit/luftverschmutzung-in-peking-ein-schlachtplan-gegen-den-smog-15293938.html

6 J. Rockström; O. Gaffney; J. Rogelj et al. (2017): A roadmap for rapid decarboniza-tion. Science 355, Nr. 6331: 1269–1271; doi:10.1126/science.aah3443

7 P. Sheehan, E. Cheng, A. English, F. Sun (2014): China's response to the air pollu-tion shock. Nature Climate Change 4: 306-309; doi:10.1038/nclimate2197

8 K. Witsch (2019): Global Energy Monitor: Chinas Kohlepläne bringen die welt-weiten Klimaziele in Gefahr; www.handelsblatt.com/unternehmen/energie/global-energy-monitor-chinas-kohleplaene-bringen-die-weltweiten-klimaziele-in-gefahr/25250284.html

9 BGR (Bundesanstalt für Geowissenschaften und Rohstoffe); https://www.bgr.bund.de/DE/Themen/Energie/Downloads/energiestudie_2019.pdf;
erdoel_2018_g.html;jsessionid=6E9C0A468CFB9391940424C203CB674F.1_cid284?nn=1542234

10 Weltweiter Erdölverbrauch in den Jahren 1969 bis 2019; https://de.statista.com/statistik/daten/studie/40384/umfrage/welt-insgesamt---erdoelverbrauch-in-tau-send-barrel-pro-tag/

11 Food and Agriculture Organization oft he United Nations (2020): FAO Food Price Index rises sharply; http://www.fao.org/news/story/en/item/1334280/icode/

KAPITEL 4

1 Science Advice for Policy by European Academies (SAPEA; 2020): A sustainable food system for the European Union; https://doi.org/10.26356/sustainablefood

2 D. S. Battisti; R. L. Naylor (2009): Historical Warnings of Future Food Insecurity with Unprecedented Seasonal Heat. Science, Vol. 23S; https://a.atmos.washington.edu/academics/classes/2012Q1/111/Battisti_Naylor_2009.pdf

3   M. Stevanović; A. Popp; H. Lotze-Campen et al. (2016): The impact of high-end climate change on agricultural welfare; Science Advances, Vol. 2 (8); doi: 10.1126/sciadv.1501452

4   E. Zaumseil; Brot für die Welt (2016): Agrarwende statt Freihandel im Kampf gegen die Klimakrise; www.brot-fuer-die-welt.de/blog/2016-agrarwende-statt-freihandel-im-kampf-gegen-die-klimakrise/

5   C. Zhao; B. Liu; S. Piao et al. (2017): Temperature increase reduces global yields of major crops in four independent estimates. PNAS August 29, 2017 114 (35) 9326–9331; https://doi.org/10.1073/pnas.1701762114 6

6   Heike Janßen (2014): Der Salz-Krimi; https://www.zeit.de/zeit-wissen/2014/03/trinkwasser-salzwasser-intrusion

KAPITEL 5

1   D. Pollard; R. M. DeConto (2009): Modelling West Antarctic ice sheet growth and collapse through the past five million years. Nature, Vol. 458; doi:10.1038/nature07809.

2   M. M .Benett; N. F. Glasser (2009): Glacial Geology: Ice Sheets and Landforms, New York.

3   J. M. Gregory; P. Huybrechts; S. C. B. Raper: Threatened loss of the Greenland-Icesheet. Nature, Vol. 428: 616.

4   J. Briner; J. K. Cuzzone; J. A. Badgeley et al. (2020): Rate of mass loss from the Greenland Ice Sheet will exceed Holocene values this century. Nature, Vol. 586: 70–74.

5   A. Aschwanden; M. A. Fahnestock; M. Truffer et al. (2019): Contribution of the Greenland Ice Sheet to sea level over the next millennium, Science Advances, Vol. 5 (6), doi: 10.1126/sciadv.aav9396

6   I. Joughin, B. E. Smith, D. E. Shean, D. Floricioiu (2014): Further summer speed-up of Jakobshavn Isbræ. The Cryosphere 8: 209–214.

7   K. M. Cuffey, W. S. B. Paterson (2010): The Physics of Glaciers. Burlington.

8   R. DeConto; D. Pollard (2003): Rapid Cenozoic glaciation of Antarctica induced by declining atmospheric CO2. Nature 421: 245–249.
     M. Pagani; M. Huber; Z. Liu et al. (2011): Drop in carbon dioxide levels led to polar ice sheet, study finds. Science. 334 (6060): 1261–1264.

9   E. Gasson, R. M. DeConto, D. Pollard, R. H. Levy (2016): Dynamic Antarctic ice sheet during the early to mid-Miocene; PNAS, Vol. 113 (13): 3459–3464; https://doi.org/10.1073/pnas.1516130113

KAPITEL 6

1   Nadja Podbregar, Karsten Schwanke, Harald Frater (2009): Wetter, Klima, Klima-wandel: Wissen für eine Welt im Umbruch. Berlin, Heidelberg.

2 Hochwasserschutz-Technik als niederländischer Exportschlager;
www.handelsblatt.com/technik/forschung-innovation/klimawandel-hochwasser
schutz-technik-als-niederlaendischer-exportschlager/20574806.html

3 https://de.wikipedia.org/wiki/Modulo_Sperimentale_Elettromeccanico

4 T. Knutson; S. J. Camargo; J. C. L. Chan et al (2019): Tropical Cyclones and Climate
Change Assessment: Part I: Detection and Attribution. Bulletin of the American
Meteorological Society, 1987-2007; https://doi.org/10.1175/BAMS-D-18-0189.1

5 Steigender Meeresspiegel bedroht New York – besondere Ideen sollen Stadt nun
schützen; www.focus.de/perspektiven/nachhaltigkeit/klimawandel-steigender-
meeresspiegel-bedroht-new-york-besondere-ideen-sollen-stadt-nun-schuet-
zen_id_11173953.html

6 D. Griffin, K. J. Anchukaitis (2014): How unusual is the 2012–2014 California
drought? Geophysical Research Letters, Vol. 41 (24): 9017–9023; doi:10.1002/
2014GL062433

7 M. L. Burton; Michael J. Hicks (2005): Hurricane Katrina: Preliminary Estimates
of Commercial and Public Sector Damages; https://citeseerx.ist.psu.edu/viewdoc/
download?doi=10.1.1.318.7580&rep=rep1&type=pdf

8 MunichRe (2021): Rekord-Hurrikansaison, extreme Waldbrände – Die Bilanz der
Naturkatastrophen 2020; www.munichre.com/de/unternehmen/media-relations/
medieninformationen-und-unternehmensnachrichten/medieninformationen/
2021/bilanz-naturkatastrophen-2020.html

9 EU-Forschungsprojekt Climate Cost: http://www.climatecost.cc

10 Camilo Mora et al. (2017): Global risk of deadly heat. Nature Climate Change,
Bd. 7: 501–506.

11 UNHCR Global Report (2019); www.unhcr.org/globalreport2019/

12 Migrationsdatenportal (2020): Umweltmigration; https://migrationdataportal.org/
de/themes/environmental_migration

13 Welthungerhilfe: Flucht und Migration; www.welthungerhilfe.de/informieren/
themen/flucht-und-migration/

14 UN Environment Programme/GRID-Geneva (2020): Global Report on Internal
Displacement; www.internal-displacement.org/sites/default/files/publications/
documents/2020-IDMC-GRID.pdf

KAPITEL 7

1 IPCC (2018): Global Warming of 1.5 °C. An IPCC Special Report on the impacts of
global warming of 1.5 °C above preindustrial levels and related global greenhouse
gas emission pathways, in the context of strengthening the global response to the
threat of climate change, sustainable development, and efforts to eradicate poverty;
https://www.ipcc.ch/site/assets/uploads/2020/07/SR1.5-SPM_de_barrierefrei.pdf

2   J. T. Kiehl; C. A. Shields (2005): Climate simulation of the latest Permian: Implications for mass extinction. Geology Vol. 33(9).

3   M. J. Benton; A. J. Newell (2014): Impacts of global warming on Permo-Triassic terrestrial ecosystems. Gondwana Research, Vol. 25 (4): 1308–1337; doi:10.1016/j.gr.2012.12.010

4   L. R. Kump; A. Pavlov; M. A. Arthur (2005): Massive release of hydrogen sulfide to the surface ocean and atmosphere during intervals of oceanic anoxia. Geology, Vol. 33 (5): 397–400; https://doi.org/10.1130/G21295.1

5   H. Jurikova; M. Gutjahr; K. Wallmann et al. (2020): Permian–Triassic mass extinction pulses driven by major marine carbon cycle perturbations. Nature Geoscience, Vol. 13: 745–750.

6   Satellites record weakening North Atlantic Current. NASA, 15 April 2004; Gulf Stream slowdown? RealClimate.org, 26 May 2005.

7   S. Rahmstorf (2003): Timing of abrupt climate change: A precise clock. Geophys. Res. Lett. Vol. 30 (10): 1510; doi:10.1029/2003GL017115.

8   D. Hebbeln (2015): Klimaschwankungen während der letzten Eiszeit. In: J. L. Lozán; H. Grassl; D. Kasang; H. Notz; H. Escher-Vetter (Hrsg.): Warnsignal Klima: Das Eis der Erde: 51–56.

9   Rahmstorf, S. (2002): Ocean circulation and climate during the past 120,000 years, Nature 419, 207–214; https://wiki.bildungsserver.de/klimawandel/index.php/Datei:Zirkulationsmodi.gif

10 W. Steffen; J. Rockström; K. Richardson et al. (2018): Trajectories of the Earth System in the Anthropocene. PNAS 115(33): 8252–8259.

11 K. D. Burke; J. W. Williams; M. A. Chandlerc et al. (2018): Pliocene and Eocene provide best analogs for near-future climates. PNAS Vol. 115 (52): 13288–13293; https://doi.org/10.1073/pnas.1809600115

12 D. L. Royer (2016): Climate Sensitivity in the Geologic Past. Annual Review of Earth and Planetary Sciences, Vol. 44: 277–293, https://doi.org/10.1146/annurev-earth-100815-024150

13 C. Berndt; C. Hensen; C. Mortera-Gutierrez et al. (2016): Rifting under steam: How rift magmatism triggers methane venting from sedimentary basins. Geology, Vol. 44: 767–770; http://dx.doi.org/10.1130/G38049.1

14 A. Abbott; B. Haley; A. Tripati; M. Frank (2016): Constraints on ocean circulation at the Paleocene-Eocene Thermal Maximum from neodymium isotopes. Climate of the Past, Vol. 12(4): 837–847; doi: 10.5194/cp-12-837-2016

15 J. C. Zachos; G. R. Dickens; R. E. Zeebe (2008): An early Cenozoic perspective on greenhouse warming and carbon-cycle dynamics. Nature, Vol. 451: 279–283.

16 W. Steffen et al. (2018), vgl. Endnote 10.

17 ebd.

KAPITEL 8

1   E. O. Wilson (2016): Die Hälfte der Erde. Ein Planet kämpft um sein Leben. München.

2   IPCC (2019): Sonderbericht über Klimawandel, Desertifikation, Landdegradierung, nachhaltiges Landmanagement, Ernährungssicherheit und Treibhausgasflüsse in terrestrischen Ökosystemen.

3   Heinrich-Böll-Stiftung; Institute for Advanced Sustainability Studies; Bund für Umwelt- und Naturschutz Deutschland; Le Monde diplomatique (2015): Bodenatlas: Daten und Fakten über Acker, Land und Erde; https://www.boell.de/sites/default/files/bodenatlas2015_iv.pdf?dimension1=ds_bodenatlas

4   A. Don; H. Flessa; K. Marx et al. (2018): Die 4-Promille-Initiative »Böden für Ernährungssicherung und Klima«: Wissenschaftliche Bewertung und Diskussion möglicher Beiträge in Deutschland (= Thünen Working Paper 112); https://literatur.thuenen.de/digbib_extern/dn060523.pdf;
4 per 1000-Initiative; www.4p1000.org

5   G. Rueter (2017): Klimarettung mit mehr Humus im Boden?; www.dw.com/de/agrarwende-klimaschutz-landwirtschaft-fleisch-d%C3%BCnger-pestizide-soja-weltern%C3%A4hrung/a-41053045;
Weidewelt.org (2018): Wie viel CO_2 könnten wir in Form von Humus binden? Interview mit Rattan Lal; www.regenerative-landwirtschaft.net/viewtopic.php?f=34&t=295

6   A. Bates; K. Draper (2021): Cool down: Mit Pflanzenkohle die Klimakrise lösen. München.

7   GEOMAR Helmholtz-Zentrum für Ozeanforschung Kiel (2020): Den Ozean als Klimaschützer mobilisieren; www.geomar.de/news/article/den-ozean-als-klimaschuetzer-mobilisieren

8   Bundesumweltministerium bedauert Freigabe des Eisendüngung; https://www.bmu.de/pressemitteilung/bundesumweltministerium-bedauert-freigabe-des-eisenduengungs-experiments/;
Umweltbundesamt (2011): Geo-Engineering – wirksamer Klimaschutz oder Größenwahn? Methoden, rechtliche Rahmenbedingungen, umweltpolitische Forderungen.

Abbildungsverzeichnis

21 https://de.co2.earth/monthly-co2

22 UN – DESA, Population Division (2015): World Population Prospects: The 2015 Revision; Bevölkerung in absoluten Zahlen und Wachstumsrate pro Jahr in Prozent, weltweit 1950 bis 2060.

23 Tom.schulz, wikipedia; Weltweite CO_2-Emissionen 2018 (nach Region, pro Kopf); Datenquelle: IEA (2020).

24 Mak Thorpe, wikipedia; Datenquelle: http://cdiac.ornl.gov/ftp/ndp030/CSV-FILES/ & Global_Carbon_Emission_by_Type_to_Y2004.png; Globale Kohlenstoffemissionen aus fossilen Quellen zwischen 1800 und 2013.

25 Roland Abel, Adobe Stock; Garzweiler Tagebau.

26 SOPA Images Limited, Alamy Stock Photo; Brisbane, Australia, 04th Feb, 2020. Symbolic bags with dollars signs on them are used to highlight the issue of dirty coal in front of Queensland Parliament.

27 fotojog, istockphoto; Modern biogas plant in a maize field.

28 Shannon1, wikipedia; Map of water storage and delivery facilities as well as major rivers and cities in the state of California.

29 Treibhausgasemissionen nach Kategorien (Daten: US EPA & IPCC 2014); http://climatefactsnow.org/haupt-emissionen/

30 Whenyoulearn, Dreamstime; Gaumukh Gletscher, Quelle des Ganges.

31 GdeBp, istockphoto; Tropical farm in Bali, Indonesia.

32 Francisco Blanco, dreamstime; Aerial view of circular irrigated fields near the border between Utah and New Mexico.

33 Yujian Wu, Dreamstime; Provinz des Gelben Flusses, Shanxi.

34 Peter Hermes Furian, Dreamstime; Nordpolarmeer-Seeweg-Karte

35 Carbon Brief Ltd; How warm ocean water can cause the »grounding line« to retreat.

36 A. Aschwanden et al. (2019): Contribution of the Greenland Ice Sheet to sea level over the next millennium; Observed 2008 state and simulations of the Greenland Ice Sheet at year 3000.

37 NASA, wikipedia; Landsat image of Jakobshavn Glacier. The lines show the position of the calving front of the Jakobshavn Glacier since 1851.

38 R. Winkelmann; A. Levermann; A. Ridgwell; K. Caldeira (2015): Combustion of available fossil fuel resources sufficient to eliminate the Antarctic Ice Sheet. Sci. Adv. 1.

39 David Iliff, wikipedia; Thames Barrier, London.

40 Universal Images Group North America LLC, Alamy Stock Foto; Ganges-Delta, Indien und Bangladesch.

41 NordseeMuseum Husum, wikipedia; 1906 Eckner Halligwarft während einer Sturmflut.

42 RelaxFoto.de, istock; Überschwemmung auf dem Markusplatz.

43 S. A. Kulp; B. H. Strauss (2019), Nature Communications; Steigender Meeresspiegel bedroht Menschen weltweit.

44 D. P. Bond; P. Wignall (2014): Large igneous provinces and mass extinctions: An update, Earth-Science Reviews, Vol. 53 (1–2):1–33.

45 wikipedia; The graph shows the apparent percentage (not the absolute number) of marine animal genera becoming extinct during any given time interval.

46 wikipedia; GRIP and NGRIP ice core delta-O-18 data (Daten aus: www.glaciology.gfy.ku.dk/).

47 S. Rahmstorf (2002): Ocean circulation and climate during the past 120,000 years, Nature 419, 207–214; Schematische Darstellung der drei Modi der thermohalinen Zirkulation im Pleistozän; https://wiki.bildungsserver.de/klimawandel/index.php/Datei:Zirkulationsmodi.gif

48 W. Steffen et al. (2018): Trajectories of the Earth System in the Anthropocene; Stability landscape showing the pathway of the Earth System out of the Holocene and thus, out of the glacial–interglacial limit cycle to its present position in the hotter Anthropocene.

49 AndreAnita, istockphoto; Tradition turf industry in Ireland at the westcoast. Peat (turf) cut and left to dry on a wetland.

50 apomares, istockphoto; Red mangrove forest and shallow waters in a Tropical island.

51 onime, shutterstock; Ausbrechender Vulkan auf der Insel Java.